慢生活工坊 编

萌宠多肉

栽培入门手册

海峡出版发行集团
THE STRAITS PUBLISHING & DISTRIBUTING GROUP
福建科学技术出版社
FUJIAN SCIENCE & TECHNOLOGY PUBLISHING HOUSE

图书在版编目（CIP）数据

萌宠多肉栽培入门手册 / 慢生活工坊编 . —福州：
福建科学技术出版社，2018. 11
ISBN 978-7-5335-5701-0

Ⅰ.①萌… Ⅱ.①慢… Ⅲ.①多浆植物－观赏园艺－
手册 Ⅳ.① S682.33-62

中国版本图书馆 CIP 数据核字（2018）第 227845 号

书　　名	萌宠多肉栽培入门手册	
编　　者	慢生活工坊	
出版发行	福建科学技术出版社	
社　　址	福州市东水路 76 号（邮编 350001）	
网　　址	www.fjstp.com	
经　　销	福建新华发行（集团）有限责任公司	
印　　刷	福州华悦印务有限公司	
开　　本	889 毫米 ×1194 毫米　1 / 32	
印　　张	8	
图　　文	256 码	
版　　次	2018 年 11 月第 1 版	
印　　次	2018 年 11 月第 1 次印刷	
书　　号	ISBN 978-7-5335-5701-0	
定　　价	39.80 元	

书中如有印装质量问题，可直接向本社调换

抛开沉重的工作压力，忘掉都市的喧嚣繁闹，让我们回归质朴，回归自然，不经意间，你会被一种极其迷你却非常可爱的植物所吸引，它便是集万千宠爱于一身的多肉植物。爱它，就要好好地对待它，平时悉心地照顾，这就离不开一本指引你方法和技巧的相关图书，《萌宠多肉栽培入门手册》，便是你所需要的这本书。

　　翻开此书，你会发现，可爱的多肉植物们在书中都能找到，无论你想要养哪种植物，书中都会告诉你该如何照顾它。买回家的植物不会上盆怎么办，别急，书中会有答案；不知道怎么浇水、施肥怎么办，别怕，书中会有答案；想要给植物繁殖却无从下手怎么办，打开这本书，让它一步步地教会你。慢慢的，你会发现，养多肉再也不是一件困难的事，任何一款喜欢的植物你都有勇气买回家，因为你已经知道了该怎么照顾它。从此，多肉度夏不是问题，多肉越冬不是难关，病虫害也无法给你带来困扰，只剩下全身心地沉醉在植物的美好之中。

　　参加本书编写的包括：李倪、张爽、易娟、杨伟、李红、胡文涛、樊媛超、张严芳、檀辛琳、廖江衡、赵丹华、戴珍、范志芳、赵海玉、罗树梅、周梦颖、郑丽珍、陈炜、郑瑞然、刘琳琳、楚晶晶、惠文婧、赵道强、袁劲草、钟叶青、周文卿等。由于作者水平有限，书中难免有疏漏之处，恳请广大读者朋友给予批评指正。若读者有技术或其他问题，可通过邮箱xzhd2008@sina.com和我们联系。

目录
CONTENTS

第四章

拒绝失败，多肉植物养护图鉴

第五章
玩多肉，玩的就是创意！

第六章
多肉植物养护精华手册

第一章

学会这些，
让你赢在起跑线

多肉君故乡大揭秘

多肉君的故乡并不像仙人掌那样只在美洲，而是遍布世界各地，其中以非洲和美洲较多。

了解多肉植物的原产地，就能大概知道多肉植物喜欢什么样的气候环境

非洲

非洲是全球最炎热的大陆，多肉植物在非洲主要分布在南非、纳米比亚、加那利群岛、马德拉群岛、马达加斯加岛以及东非的索马里、埃塞俄比亚等。

南非和纳米比亚气候较冷凉的地区，每年有一个较长的旱季，是世界上多肉植物种类最多的地区。番杏科和百合科的大部分种类都分布在这里，还有很多景天科、萝藦科和大戟科的多肉植物。

原产非洲的萝藦科植物　　原产于非洲的伽蓝菜属植物　　原产于非洲的莲花掌属植物

加那利群岛和马德拉群岛原本由火山构成，土质肥沃，寒流的影响使这块地区降雨量不是很多，这块地区的多肉植物主要是景天科的莲花掌属和爱染草属，这两个属的一些植物还是这两座群岛的特有品种，其他地区没有分布。

此外，萝藦科的吊灯花属也有部分种类分布在此。马

小贴士：

埃塞俄比亚海拔较高，夏季气候冷凉，大戟科植物是该地区的主要多肉品种。

达加斯加岛内的多肉植物主要分布在西南部热带干湿季气候区，其中以景天科伽蓝菜属最多，此外还有夹竹桃科的一些植物。

索马里和埃塞俄比亚也是重要的多肉植物分布区，索马里是比较平坦的低高原，年降水量少，该地区的多肉植物主要有芦荟属、沙漠玫瑰属、鸭跖草科、萝藦科等。

原产于非洲的沙漠玫瑰属植物

美洲

美洲大陆是许多重要的多肉植物的原产地。龙舌兰科的龙舌兰属、酒瓶兰属、丝兰属、万年兰属分布在墨西哥和美国西南部，在墨西哥西部和加利福尼亚半岛还分布着不是很为人知的福桂花科，虽然种类不多，但外形奇特，观赏性强，非常珍奇。此外，景天科的仙女杯属、石莲花属、厚叶草属和风车草属都广泛分布于美洲地区。其中，仅石莲花属植物就有 160 多种。

原产于美洲的石莲花属植物

原产于美洲的长生草属植物

原产墨西哥的龟甲龙

在美洲热带雨林的边缘地区还分布有凤梨科和胡椒科的多肉植物，但种类不多。在中美洲分布有大戟科白雀珊瑚属植物。墨西哥有薯蓣科的墨西哥龟甲龙，葫芦科的笑布袋，漆树科的象之木、大戟科的锦珊瑚等。中美洲各国和西印度群岛有大戟科的珊瑚油桐和刺叶珊瑚。巴西有苦苣苔科的断崖之女王。

其他地区

除了非洲和美洲外，多肉君的故乡还遍及各大洲。如原产欧洲的景天科长生草属部分植物，如景天科景天属的部分植物，在我国西藏和朝鲜、日本均有广泛分布。瓦松属的种类在我国不少地区有分布，虽然这些品种有分布，但大部分没有受到重视，很少栽培。

原产于中国的瓦松属植物

原产于日本的景天属植物

多肉族谱一览表

多肉植物的大家庭有很多的科属，下面就为大家来整理和归类

景天科

景天科是多肉植物较多的一科，分布于非洲、亚洲、欧洲、美洲，主要野生于岩石地带、山坡石缝、林下石质坡地、山谷石崖等处。科内的植物通常矮小抗风，喜光照、喜湿润，又不需要大量肥料，且耐污染。景天科植物一般夏秋季开花，表皮有蜡质粉，是典型的旱生植物，无性繁殖力强。景天科中常见的多肉植物属有景天属、石莲花属、莲花掌属、伽蓝菜属、青锁龙属等。

景天科植物

百合科

百合科也是多肉植物的一个常见的科，主要集中在十二卷属、芦荟属和鲨鱼掌属这三个属内。

百合科植物为被子植物，全球分布，但以温带和亚热带最丰富。其中十二卷属多为小型多肉植物，大部分品种习性强健，栽培难度不高而且耐半阴，冬天对温度要求也不高，因而家庭栽培很普遍，观赏主要是茎叶，色彩斑斓，十分好看。

芦荟属植物多产于南非，叶簇生于基部呈莲座状，多数带刺，花、叶均美观，可供观赏。

百合科植物

鲨鱼掌属植物原产地为南非吉望峰，不仅株形美观，且具有能够贮藏较多水分的叶片，非常耐旱，鲨鱼掌植株小巧精致，通常选用小型花盆进行栽植，适合摆放在阳台上，不易患病。

番杏科

番杏科是双子叶植物，一年生或多年生草本或矮灌木，番杏科植物主要分布在非洲南部，在澳洲和中太平洋地区也有少量分布。番杏科内约有 138 个属，1882 种植物，其中多肉植物主要有肉锥花属、肉黄菊属、棒叶花属、生石花属、仙宝属等。

番杏科植物

其他科属

除了以上提到的三个科外，多肉植物还零散地分布在其他各个科属中，较为有代表性的包括大戟科大戟属的虎刺梅、铜绿麒麟，萝藦科吊灯花属的爱之蔓，菊科千里光属的绿之铃、紫弦月、蓝松，马齿苋科马齿苋属的雅乐之舞等。

爱之蔓

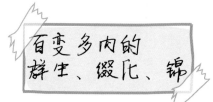

百变多肉的群生、缀化、锦

多肉君不仅只有一种状态哦，百变的它还会出现各种各样的变化。

群生

群指的是植物主体有多个生长点，生长出新的分枝与侧芽，并且共同生长在一起的状态。简单来说就是多肉植物密密麻麻地长在一起。

想要获得群生的方法有很多。一是顺其自然，例如静夜、姬胧月、白牡丹、子持莲华等多肉植物，只要你耐心地等待一段时间，很容易就会出现群生的现象；二是砍头，也就是扦插，适合在秋季进行，给老桩植株砍头，将顶端优势去除后，生长能量被激发，大量新生的侧芽就构成了群生的壮观景象。

小贴士：

还有一种方法是伪装，就是将多株同一品种的多肉植物种植在同一个花盆中，如果位置摆放得好，也能形成类似群生的效果，这虽然不是真正的获得群生，但同样有着很好的观赏性。

群生的多肉植物

缀化

缀化属于植物形态的一种变异现象，某些品种的多肉植物受到浇水、日照、温度、药物、气候突变等外界刺激后，其顶端的生长异常分生、加倍，而形成许多小的生长点，而这些生长点横向发展连成一条线，最终长成扁平的扇形或鸡冠形带状体。

很多玩家会把"缀化"和"多头"弄混淆，其实真正的缀化和多头在性质上还是有很大区别的，最大的区别在于茎，缀化的植物只有一个像个鸡冠或者像个扇形的扁茎，而多头的植物都是有单独的茎，有几个头就有几个茎。

缀化的多肉植物

锦

锦也叫"锦斑"，属于多肉植物颜色上的一种常见的变异现象，主要由浇水、日照、温度、药物、气候突变等外部因素引起，也有的是遗传的原因所致。植物发生锦斑变异时，通常不会整片颜色变化，而是植株的茎、叶等部位颜色的改变，如变成白、黄、红等各种颜色。发生锦斑变异后，植物的颜色更丰富，观赏性更强，因此不少玩家追求这种"锦"的效果。

正常的黑法师　　　　　　黑法师锦　　　　　　黑法师缀化

购买多肉有妙招

无论是在网上还是在实体店铺买，学会多肉植物的选购都是一门必修课。

多肉植物的购买

新手在购买多肉植物时往往会不知所措，往往只是看着喜欢，价格合适就买了，其实在挑选的过程中还是有一些需要注意的地方。

1. 首先，应挑选植株色彩正常，花纹清晰，无病斑、虫斑、水渍状斑的。

色彩正常、无病害的多肉　　购买时，根系的选择也很重要　　购买时，要检查植株是否松动

小贴士：

由于多肉植物的虫害大部分体积较小，因此我们不能只看植物的表面，要注意观察植株的叶背面或枝丛间，此外，这些害虫还会用植物的花纹、色斑做掩护，所以挑选时观察要仔细。

2. 由于多肉植物自身含水量高，往往又具有较强的保水能力，因此不易失水，对水分的需求相对较少，所以卖家在运输多肉植物过程中一般只带少量的土或裸根不带土，我们在挑选时最好选择带须根、根系不干枯的植株，这样买回去栽植后能在较短时间内长出新根。

3.在购买盆栽植物时，要辨别植物是否是新栽的。具体的方法是，如果盆土松软，轻摇植株有较大晃动，就说明盆内的植物是新栽的。要是不小心购买了这样的盆栽后，要避免强光照射，并控制水分，一个半月后再逐步进行正常管理。

4.对于新手，如果你所处的地区冬季比较寒冷，并且室内没有暖气等取暖设备的话，在11月至翌年3月间就不要购买不耐寒的多肉品种了，因为这段时间你是很难将它养活的。

5.很多玩家容易被好看的多肉组合盆栽所吸引。在购买前，你需要辨识出组合盆栽中的各个植物品种，并了解它们基本的生长习性，如果互有冲突的话，就不宜购买了，否则在日常的养护中会给你带来很大的麻烦。

多肉种子的购买

许多刚接触多肉植物的花友非常喜欢通过播种来获得自己的多肉植物，它们往往会选择购买植物的种子，一来种子的价格更为便宜，二来能增加动手的乐趣和实践的经验，然而不是所有的种子买回来都能够播种成功的，我们在挑选种子时就要学会甄别。

1.看上去一片白，或者几乎白的种子，那是没有授粉的，这样的种子一定不会出芽。

2.颜色不深不浅，看上去不饱满，为细长的一条类似弯曲的月牙形的种子也基本不会发芽。

3.颜色太深，特别是干瘪且发黑，种子与种子之间还粘在一起的，可能是已经霉变了，不能购买。

4.健康的种子颜色应该是浅棕色，并且颗粒饱满，形状类似小枣，这样的种子才可以放心购买。

网购多肉的一些建议

比起去实体店铺购买多肉植物，更多人会选择网购的方式，因为更加的方便快捷，然而，网购有风险，购买需谨慎，下面就给喜欢网购多肉的玩家提出几点建议。

1.比较知名的淘宝店铺，多肉的质量会比较稳定，不至于特别好但也不会特别差，售后通常也会比较有保障，一些比较小的淘宝店铺，有时候会有惊喜，但买的人多了，质量往往就下降了。

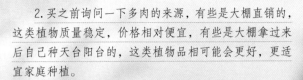

2.买之前询问一下多肉的来源，有些是大棚直销的，这类植物质量稳定，价格相对便宜，有些是大棚拿过来后自己种天台阳台的，这类植物品相可能会更好，更适宜家庭种植。

3.看好描述，如多肉植物的尺寸等，并参考买家的晒图评论，如果是初次购买，最好只选择价格不太高的普货，等自己有经验了再去挑选价格较贵的品种。

4.由于包装和快递的原因，到手的植物也许会和网上看到的不太一样，因此网购时可以选择一些叶片肥厚、叶形包裹得比较密的植物，如白牡丹、黄丽、静夜等，而像薄雪万年草、黑法师、子持莲华等，叶片比较薄的多肉植物快递过程中会蔫得比较厉害。

常见多肉植物一览表

科名	属名	代表植物品种
景天科	景天属	虹之玉、八千代、黄丽、千佛手、铭月、玉缀
	石莲花属	特玉莲、大和锦、黑王子、吉娃莲、锦晃星
	莲花掌属	清盛锦、黑法师、小人祭、爱染锦、山地玫瑰
	伽蓝菜属	月兔耳、黑兔耳、唐印
	青锁龙属	星王子、筒叶花月、火祭、星乙女、若绿
	厚叶草属	星美人、桃美人、千代田之松
	长生草属	卷绢、紫牡丹
	天锦章属	天锦章、御所锦、银之卵
	银波锦属	福娘、熊童子
	瓦松属	子持莲华、富士
	风车草属	白牡丹、蓝豆、姬秋丽、银星
百合科	十二卷属	条纹十二卷、水晶宝草、姬玉露、玉扇、琉璃殿、寿
	芦荟属	芦荟、库拉索芦荟、雪花芦荟
	鲨鱼掌属	卧牛、子宝、美玲子宝

常见多肉植物一览表

科名	属名	代表植物品种
番杏科	肉锥花属	少将、天使
	肉黄菊属	四海波、荒波、狮子波
	棒叶花属	五十铃玉
	生石花属	日轮玉、露美玉、福寿玉
	仙宝属	小松波、紫星光
	露子花属	鹿角海棠
	菱鲛属	唐扇
	快刀乱麻属	快刀乱麻
	照波属	照波
其他科	菊科千里光属	紫玄月、蓝松、七宝树
	萝藦科吊灯花属	爱之蔓
	马齿苋科回欢草属	银蚕、吹雪之松锦

第二章

必备利器，
让你事半功倍

如何选土

土壤是最重要的多肉栽培介质，所以在养护多肉前，一定要了解这些土壤，找到最适合你多肉的土壤。常用土的种类大约有12种。

珍珠岩

天然的铝硅化合物，即岩浆岩加热至1000℃以上时，所形成的膨胀材料就是珍珠岩。

腐叶土

是由枯叶、落叶、枯枝及腐烂根组成，具有丰富的腐殖质和很好的物理性能。

陶粒

一种具有较强的透气性和排水性能的颗粒介质，常常被用作盆栽的铺底物，是比较常用的颗粒物。

苔藓

苔藓是白色、粗长、耐拉力强的植物性材料。优点在于有很好的疏松性、透气性和保湿性。

沙

主要是直径在2～3毫米的沙粒，呈中性。沙质土壤不含任何的营养物质，具有很好的保湿性和透气性。

肥沃园土

是经过改良、施肥以及精耕细作后的菜园、花园土壤，已经去除杂草根、碎石子、虫卵，经过打碎、过筛，呈微酸性。

鹿沼土

一种罕见的物质，产于火山区，呈酸性，有很高的通透性、蓄水力和通气性，尤其适合、忌湿、耐瘠薄的植物，鹿沼土可单独使用，也可与泥炭、腐叶土等其他介质混用。

赤玉土

由火山灰堆积而成，是运用最广泛的一种土壤介质，其形状有利于蓄水和排水，中粒适用于各种植物盆栽，尤其对仙人掌等多肉植物栽培有特效。

培养土

培养土是由一层青草、枯叶、打碎的树枝以及一层普通园土堆积起来，往内浇入腐熟饼肥或者鸡粪、猪粪，再发酵、腐熟之后，经过打碎过筛即可。持水、排水能力强，一般理化性能很好。

蛭石

一种与蒙脱石相似的黏土矿物，为层状结构的硅酸盐。它具有疏松土壤、透气性好、吸水力强、温度变化小等特点，有利于作物的生长，还可减少肥料的投入。

煤炭土

煤炭土具有良好的透气性，而且容易获得，几乎不需要什么成本，但很少被大家发现。使用过程中需注意用量。

泥炭土

泥炭土是由苔藓类及藻类堆积腐化而成的一种介质，质地松软，呈酸性或微酸性，有很丰富的有机质，很难分解，保肥和保水能力较强。

常用的配土方案

要想养出漂亮的多肉，就要学会配制营养均衡、透气性和排水性比较好的土壤。

盲目地使用价格昂贵的营养土并不能让多肉长得更好、更健康，想让多肉长得更漂亮，要学会在多肉生长的不同阶段配制不同比例的土壤，营养土和肥料的叠加使用并不会促成多肉的健康成长。

多肉植物配土的最主要原则就是尽可能地模仿多肉原产地的土质，这样多肉才会有回家的感觉，才能够健康快速地生长。

一般配土分为无机植料和有机植料，无机植料的主要作用就是增加土壤的透气性、排水性、保水性等，有机植料的主要作用就是为植株生长提供所需的必要营养。一般多肉植物用土，有机植料和无机植料的比例在 3：7 以上，也就是说最低要保持在 3：7 左右。

不同形态多肉植物的配土

一般的多肉植物：园土、珍珠岩、粗沙、泥炭土各一份，再加入砻糠灰 0.5 份。

茎干状多肉植物：壤土、碎砖渣、谷壳碳各一份，腐叶土和粗沙各两份。

生石花类多肉植物：砻糠灰少量，椰糠、粗沙、细园土各一份。

小型叶多肉植物：谷壳碳一份，粗沙、腐叶土各 2 份。

根较细的多肉植物：泥炭土 6 份，粗沙和珍珠岩各 2 份。

大戟科多肉植物：泥炭和园土各两份，细砾石 3 份，蛭石一份。

生长速度慢，肉质根的多肉植物：泥炭土一份，蛭石和颗粒土各两份，粗沙 6 份。

不同"年龄"多肉植物的配土

初生的多肉宝宝根系比较细嫩，所以不能使用太多的颗粒，否则根系不容易生长。而且小苗的生长速度比较快，需要的肥力和水分都比较多，所以在配制营养土的时候要注意泥炭土的比例可以多于颗粒的比例。松软的泥土比较适合多肉宝宝的根系生长，如果不懂得其他的方法，就按照泥炭土和颗粒（1:1）的比例配制就可以了。如果想要更完美的土壤，就需要混合一些泥沙来配土，具体的比例是：60%泥炭土+20%泥沙+20%颗粒，这样的比例配出来的营养土更适合小苗的生长。

对于已经有两年的生长年龄的多肉来说，这时候的根系已经十分发达，需要的是透气和良好的排水。配土时可以随意一点了，一般配好的土壤都可以，泥沙和颗粒的比例可以增加一点了，可以按照泥炭土、泥沙、颗粒比例为1:1:1来进行配制。

新手须知的多肉植物配土方案

一、最常用的配土方案：泥炭土：珍珠岩=1：1

泥炭土的优点是养分充足、松软透气，缺点是长时间使用容易板结，不利于根系吸收水分。但如果在泥炭土中加入等量的珍珠岩或其他颗粒，就能解决这个问题。当泥炭土和珍珠岩等比例混合后，土壤会填满颗粒的空隙，这样浇水时水分能充分进入介质，有利于根系的呼吸，也能延长配土的使用寿命（由于泥炭土的开采是非常破坏生态环境的，因此可以用更加环保的原料——椰糠）。

上图从左到右依次为：泥炭土、珍珠岩，它们的比例为1：1

二、刚买回家的多肉植物配土方案：泥炭土：沙：颗粒=3：1：1

植物都是靠根系来吸收营养，由于泥炭土松软，因此很适合刚买回来的多肉植物生根，但全部用泥炭土又会出现板结、盆土过干或过湿的情况，所以要加入一些沙和颗粒，如果没有沙，也可以用颗粒来代替，例如珍珠岩、火山岩、陶粒等。

上图从左到右依次为：泥炭土、沙、蛭石，它们的比例为3：1：1

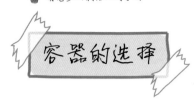

容器的选择

为多肉植物选择一款漂亮实用的容器也很重要。

容器的种类

陶质容器

色泽质朴，不华丽的素烧陶，能够烘托出多肉植物的丰盈圆润、色泽艳丽，是很称职的配角。

玻璃容器

透过玻璃制成的器皿，可以详细地观察多肉植物的生长以及变化的姿态，拥有多变的观赏乐趣。

瓷质容器

由特制的黏土制作而成。外形精良雅致，沉稳厚实，价格较贵，透气性与渗水性差，也容易损坏。

紫砂容器

又叫宜兴盆，由天然紫砂制作而成。其外观高雅大方，价格昂贵，透气性与渗水性能良好。但容易损坏。

瓦质容器

透气性好，价格便宜，但花盆边沿的土壤容易干，在烈日暴晒下，会伤害盆边沿的根系。

塑料容器

普遍使用的盆栽容器。它质地轻巧、造型美观、价格便宜。但是透气性、渗水性较差，使用寿命短。吊篮的材质一般都选用塑料。

木质容器

木质制造的各类景盆，有着本质朴素的底蕴，既有传统感又有现代气息，是非常适合多肉植物的一款容器。其透气又渗水功能良好，但易腐烂，且价格不菲。

铁质容器

铁器景盆是来源于生活却高于日常生活的艺术品。生活中使用后的各类铁罐留存下来，在底盘凿一个小孔就可以做容器了，还可以根据自己喜好涂色，不过用久了会生锈。

其他容器

生活中还有很多东西可以用来做容器，比如贝壳、海螺、鸡蛋、骨头等，可以根据材质所带来的透气性与保水性的不同来选择种植不同的多肉植物。只要善于发现，敢于创新，生活每天都有惊喜。

挑选容器的原则

萌萌的多肉不仅需要良好的环境，还需要可爱、漂亮的小房子来给多肉建一个温暖的家。给多肉找一个漂亮小房子的同时也要考虑许多其他的问题，这是一个既复杂又简单的事情。

如果不考虑其他的因素，生活中任何一种器皿都可以当作多肉的家，多样的材质，陶器、瓷器、铁质、木质、塑料材质和

玻璃材质，只要有空间，可以装得下土壤就可以用来养多肉。如花盆、不能再用的茶杯、茶壶、饮料瓶、铁桶、竹筒、木碗、椰壳、葫芦、石臼等，不胜枚举，这些随处可见的容器，都可以成为多肉的家。

为什么说寻找多肉的家又是一个复杂的问题呢。这是因为除了将多肉安置好，还有更重要的是要考虑选用的容器是不是适合多肉的根系生长、能不能透气、颜色款式与多肉搭配合不合理、有没有观赏性，这些都是在选择容器时需要认真考虑的，否则就算多肉萌到呆，也会失去很多乐趣。

透气性

在透气性方面，众多的容器中数陶器最受欢迎。陶器是使用黏土烧制而成，质地比较疏松，吸水性高，同时透气性也是一般的种植容器里比较好的一种材质。

相对而言，瓷器的透气性就比较差，跟陶器不是一个层次，所以要适当地减少浇水的次数。而铁盆、塑料盆等不透气，基本就是靠盆口的水分蒸发来完成干湿交替的循环，当然就更要拉长两次浇水的间隔。

陶器养护多肉更有质感

搭配度

看多肉是不是生长良好，是不是与周围环境和谐统一，只要一眼就能看出。与周围的契合程度和搭配不仅仅是对多肉的外形要注意，还要注意对器皿的大小与多肉根系大小的配合度，容器不同的颜色和材质对多肉的影响都需要斟酌才能决定。完美的搭配才能为多肉增添几分魅力。

如果多肉比较高，可能它的根也会比较深，因此要选择深一点的种植容器才能满足多肉根系的生长，为多肉的生长提供更充足的空间。

就盆的大小来说，一般都要比植株稍大一些。比如植株整体直径约 8 厘米的，用口径 10 厘米或 12 厘米的盆比较合理，有利于植株的自然生长，太大的盆也没必要。

小贴士：

如果喜欢组合的话，还可以根据花盆的大小来决定多肉的种类和数量。

以景天科和百合科品种为例，景天科的多肉植物根系稍微小一些，一般景天科植物对盆的高低没有太多的苛求，而百合科瓦苇属的植株相对来说却需要深一点的花盆来保证根系的充分生长。

色彩搭配合理能增加欣赏度

美观性

生活中存在着各种各样的花盆，材质不同、样式不同、大小不同、颜色不同，美观的程度同时也会不一样。

陶器、瓷器、铁、木、竹、石、玻璃等不同材质的器皿搭配同一种植物，因盆的材质、颜色不同，效果也会大不相同。

观赏多肉植物就是观赏多肉的叶片形状和颜色变化，多肉植物颜色各异，各不相同，而不同材质的容器也是颜色各异，因此如果想要搭配出完美的多肉盆栽，就要用心搭配好多肉与盆。

不同材质的盆有各自不同的特点。例如瓦盆，瓦盆是用黏土烧制而成，质地虽然比较粗糙，但透气性特别好，而且排水性也比较好。比较适合多肉、花卉等生长，而且价格低廉，比较适合家庭种植。但瓦盆一般颜色较深，不够美观。

陶器材质的花盆则制作精美、美观大方，同时颜色比较亮，不像瓦盆那么简陋；陶器的透水性与其他材质的相比，透水性还算是比较好，所以可以选择用陶器作为多肉植物的家。陶器的盆栽可以用作房间的装饰，也可以用作盆景。

瓷器的花盆造型美观，外层一般涂有彩釉，色彩丰富而且工艺性比较强，在装饰方面，瓷盆比较受欢迎。但考虑透水性的排水性能的话，瓷器花盆就有很大的劣势，瓷器制品一般采用高岭土制成，质地细腻，同时排水性比较差，一般作为瓦盆的套盆用来装饰。

目前看来，市场上比较受欢迎的多肉种植容器除了陶盆就是塑料材质的花盆。塑料花盆质量较轻，造型多样，颜色各异，价格也不高，受到了广泛的好评。但是，塑料制品并不适合花卉的生长。不过，现在有一些塑料花盆在内壁设计了网纹和小孔，有效地改善了排水性和透气性。这样的话，选择花盆的时候就有更多的选择了。

选择花盆和多肉植物搭配的时候还是有一些小技巧的。

①花盆的颜色要和植物的颜色有所差别。比如花盆的颜色要比多肉植物的颜色素雅一些，颜色的亮度也要有所差别，这样才能把多肉的色彩展现出来、衬托出来。

②用过于花哨的器皿与景天科的植物相配，景天科的植物会失去展示自己的优势，所以景天科植物生长的地方不能太花哨，简单点

的花盆和花盆颜色可以衬托出不一样的景天科植物的风采。

③如果器皿上带有小碎花，这时不要用小碎花的花盆来装叶片较小的多肉植物，尽量选择叶片较大、颜色比较单一的植物与小碎花相配。

④白色、灰色、黑色的无彩色器皿和颜色较深的花盆器皿可以用于任何一种多肉植物，因为深色纯色的花盆可以百搭。

⑤如果实在抵制不了颜色艳丽的花盆，也可以用来搭配多肉植物，毕竟可以营造出鲜明对比的感觉，可能会有不一样的效果。

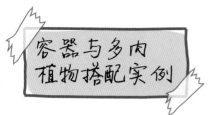

好马配好鞍，美丽的多肉也需要和合适的容器搭配才可以。

瓷质容器

瓷质花盆的优点是工艺精致，洁净素雅，造型美观，尤其是白色调的白瓷花盆，与多肉搭配，立马就能体现出小清新的感觉，而且瓷器光滑的瓷面非常容易清理。

实例1：白瓷花盆与仙人掌科多肉搭配，在粗糙与细腻的强烈碰撞下，将仙人掌科多肉的特点展现得淋漓尽致。

实例2：在白瓷花盆中栽培小巧可爱的单棵多肉虹之玉，花盆独特的白色调可以很好地表现虹之玉的色彩与造型，立刻就会体现出一种小清新的感觉。

实例1　　　　　　　实例2　　　　　　　实例3

实例3：白瓷花盆也非常适合制作多肉组合盆栽，尤其是搭配景天科的莲座状多肉，更能充分体现它们的美丽。

实例4：除了白瓷花盆外，图案色彩丰富的瓷质花盆与缤纷绚丽的多肉组合，可营造出一种和谐统一的美感。

小贴士：

虽然瓷质花盆保湿作用非常好，而且具有很多其他优点，但是它的透气性能差，夏季风弱高温时，容易因浇水而引起闷热潮湿的环境，对多肉造成不利的影响。

实例4

陶质容器

陶质花盆是目前花器中比较适合多肉植物生长的，它们色泽质朴，简单素雅，拥有超强的透气性和保水性，在同样的植料配制和环境下，陶质花盆内的多肉生根速度更快一些。

但是，陶质花器也有许多缺点。比如：红陶透气性太好，土壤中的水分易流失，会影响多肉的生长速度，而且时间长了表面会泛出非常难看的白碱；粗陶价格昂贵且笨重等。

实例1：素陶罐体形高大，让多肉植物屋卷绢攀岩依附着花盆生长蔓延，给人带来一种全新的美感。

实例2：宽大的陶质花盆中植入莲座状的观音莲，因其透气性好，观音莲生长迅速，叶片饱满，非常美观。

实例3：陶质花盆与石莲花搭配，光照充足的条件下，色彩变得非常艳丽，石莲花与陶器更加和谐统一。

实例1

实例2

实例3

实例4：将体形较小的红陶盆栽或盆栽组合串联在一起，就变成了美丽的立体壁挂装饰。

实例4

植物推荐

雷童枝繁叶密、小巧玲珑，绿色的肉质叶上布满肉质刺，奇特可爱，适合与白瓷搭配。

铺面介质推荐

赤玉土具有很高的透气性，而且其吸水性能好，非常利于储水和后期水分的挥发。

植物推荐

素烧陶很适合植入仙人掌类植物，它那质朴醇厚的色泽，能够烘托出仙人掌等多肉植物的丰盈圆润，简单而又美丽。

铺面介质推荐

火山岩坚硬且不易变形，透气性强并富含矿物质，很适合多肉种植，尤其是仙人掌植物。

玻璃容器

　　玻璃花盆也是一种比较常用的花器，透过玻璃制成的器皿，可以详细观察多肉植物的生长姿势，也可以360°观景，使人拥有多变的观赏趣味。玻璃器的种类丰富，可选择性大。

　　玻璃花盆的缺点是排水性能较差，因为大部分玻璃器皿底部都无排水孔。而且玻璃花盆不能有太多的日照，特别是夏季，需要放在散光处养护，所以对种植的品种有所限制。

实例1

实例2

实例3

实例4

　　实例1：适合吊挂的玻璃花器植入多肉，在随风摇曳的过程中所带来的光影变幻，是其他花器所不可比拟的。

　　实例2：半圆形的有色玻璃器皿很适合制作一个精美的盆栽。在玻璃器皿中种上几株比较漂亮的多肉，如银手指、黄丽等，再放入一些可爱的园艺插，就营造出了一个童话般神秘的多肉景观。

　　实例3：半圆形的玻璃花盆中植入高矮不同的多肉植物，用亮丽的黄金石铺面，制作出的盆栽色彩感鲜明。

　　实例4：玻璃器皿中搭配色彩明亮的多肉植物，非常爽朗、明眸。简单地把这些玻璃器皿组合在一起，更加有魅力。

植物推荐

透明的玻璃器四周被红色覆盖，再配上绿色的多肉植物条纹十二卷，整个盆栽就显得珍贵而有韵味。

铺面介质推荐

珍珠岩透水性能和透气性能好，同时还是改良土壤的重要物质，适合放在排水性差的玻璃器皿中。

塑料容器

塑料花器在园艺中被广泛应用，其最大的优点是轻巧，非常适合吊挂欣赏。由于塑料自身材质较薄，所以其水分挥发的速度非常快，而且价格很便宜，也很容易买到。

塑料花器虽然在各方面都比较出众，但是也有不足之处，其中最为重要的一点是许多塑料花盆的生产质量不过关，使用时间不是很长。而国外进口的一些优质花盆，价格又太高。

实例1：普通的塑料花盆搭配多肉植物木立芦荟，其细长高耸的株形及恣意伸展的叶片，使盆栽独具一格。

实例1

实例2

实例3

实例4

实例2：适合垂吊的塑料花盆与具有悬垂效果的多肉植物组合在一起制成的盆栽，颇具新奇感，视觉效果极佳。

实例3：方形的塑料小花盆适合摆放在一起欣赏，还可以套放在其他花器中，节省空间又具有一种规整的美感。

实例4：普通的黑色塑料盆器与充满绿意的多肉植物搭配，再配以颜色亮丽的颗粒装饰石，也是出众的盆景。

植物推荐

宝草：景天科十二卷属多肉植物，根系非常强大，需水量多，适合较深的塑料花器。

铺面介质推荐

发泡炼石本身有很多细微的孔隙，既透气又保水，且无菌无臭，适合透气性能不佳的塑料花器。

木质容器

　　木质花盆制作出的盆栽最适合摆放在庭院或露台，这类花器自身透气性很好，也比较容易获得，不仅可以买现成的，而且可以亲自动手改造，别有一番风趣。

　　但是，木质花器也有很明显的缺点，就是容易发霉或被腐蚀。一般的木质花器若通风不好，则容易发霉，而且在户外使用容易被腐蚀。

　　实例1：常见的枯木树桩，稍做加工即可以变成漂亮花器，然后植入莹润的多肉，优美又有灵气。

　　实例2：经过精雕细琢的红木木雕，色泽温润质朴，外形优美俊雅，种上美丽的多肉，花器与植物融为一体，就成了家中可以随意摆放的艺术品，多姿漂亮。

实例1

实例2

实例3

实例4

　　实例3：刷有清漆的木质花器，不仅能使盆器的保质期更长，而且能与艳丽的多肉融合在一起，呈现独特的美。

　　实例4：置入水苔的木框中种满多肉，缤纷美丽，放置在庭院中，随着木质花器被腐蚀，盆栽会愈加漂亮。

植物推荐

小巧厚实具悬垂感的虹之玉可与嵌在墙上木质盆器的搭配相得益彰，打造出一个靓丽的装饰活画面。

铺面介质推荐

煤渣颗粒透气性强，容易获得，几乎不需要成本，是一种效果不错的铺面装饰物，推荐使用。

铁质容器

铁质花盆是生活中比较常见的一种器具，在多肉的盆栽种植中应用得比较多。铁器的优点是价格比较便宜，容易得到，而且种类较多，造型丰富。

铁器主要的缺点是容易生锈，虽然有不锈钢、防锈漆等，但时间长了仍然会生锈。但是也不必太担心，因为生锈的铁器对多肉植物的影响不大。

实例1：房内悬挂的铁质花盆中随便种上几棵多肉，就可以给房间带来一种清新的自然感。

实例2：用来搬运货物的小推车是复古的老物件，在其中装载多肉，将破旧的小推车变成了色彩缤纷的花车，给人一种前所未有的美感，颠覆想象。

实例1

实例2

实例3

实例4

实例3：锈蚀已久的铁盆有着自己独特的质地和色彩，搭配上多肉，一下就能将多肉的美和盘托出。

实例4：破旧的铁桶也可以制作盆栽，让花一样的毛叶莲花掌遍布其身，会给人一种意想不到的美感。

植物推荐

不锈钢的水桶是铁质花器中色彩较为明亮的，适合栽植颜色各异的多肉植物，使盆栽更夺目。

铺面介质推荐

黄金石色泽亮丽，美观大方，而且具有一定的排水性能，适合搭配各种材质的盆器。

其他容器

多肉植物的盆栽制作是一件很随意的事情，在花器的选择上，不要受到任何约束，充分发挥想象力，观察身边的小事物，就会发现有许多不可多得的多肉容器。

我们日常生活中常见的，如小玩具、旧鞋子、在海边捡到的贝壳、海螺以及鸡蛋壳等，都可以用来制作多肉盆栽，它们都各有自己的优缺点，在使用时稍加注意即可。

实例1：在建筑物墙壁的外凸处种上月兔耳、芙蓉雪莲等美丽的多肉，使墙体也充满自然的气息，分外美好。

实例1

实例2

实例3

实例4

实例2：合适的小玩具也可以用来做花器，在可爱的小天鹅玩具中种上一株美丽的多肉唐印，玲珑可爱，传递着自然之美，是送给朋友最好的礼物。

实例3：在竹筒身上种入美丽的多肉植物，满溢的多肉像是从竹筒中生长出一样，新颖奇特又魅力四射。

实例4：茶杯中绽放的多肉清新翠绿，萌苗可爱，置放于茶几上，就可以细细品味它的婉约之美了。

植物推荐

仙人掌科的金蝶球，景天科的星美人、星王子等，都较为美丽、奇特，适合与海螺等搭配。

铺面介质推荐

珍珠岩与赤玉土等搭配使用，不仅能够增强盆栽的透气性，而且色泽似海滩，充满海洋的气息。

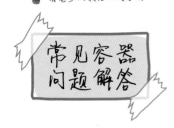

常见容器问题解答

关于容器使用的一些常见问题，在这里为大家进行解答。

Q：如何增加瓷盆的透气性？

A：瓷盆的优点是美观漂亮，但缺点也很明显，就是透气性不好，如果你的配土方案非常的透气，那么瓷盆完全可以使用，如果是一般土壤的话，想用瓷盆的玩家就不得不考虑透气的问题了。

一般通用的方法是在瓷盆的底部摆放一层栗子大小的石子，目的是做一个排水层，所以不要摆得太密。接着，在石子上铺一层干草或干透的树叶，再撒一层粗沙。盆底防水层做好后，盆壁四周也应做一个排水层。用硬纸壳围成一个筒状，纸筒的内径比瓷盆的内径小 1 厘米左右。纸筒做好后竖直摆放在瓷盆中，在纸筒内填入培养土，在纸筒与盆壁中间放入粗沙。慢慢将纸筒抽出，用手或工具将土压实就可以了。

对于体积较大的瓷盆，我们可以找一些细的硬塑料管，最好是管壁比较薄的，高度比花盆的深度略高即可。然后将一根粗铁丝烧热后，对塑料管的周身进行打孔（若用电钻则更方便），孔的直径在 3 毫米左右，塑料管超过花盆的高度就不用打孔了。最后在塑料管靠近盆底的一端，剪出一些缺口就完成了。使用时，将有缺口的一端朝下，垂直地放在瓷盆中，可根据盆的直径来决定塑料管的数量，一般 2~3 根就足够了。选择好管子的位置后，一手扶住管子，另一只手将配好的土壤倒入盆中，土壤的高度以湮没塑料管上所有的小孔为宜，然后就可以种植植物了。这样一来，就相当于在盆中有一根能进行空气对流的管道，十分有利于盆土透气。需要注意的是，平时应经常清理管子里的积土，避免堵塞而影响透气效果。

如果是中小型瓷盆就简单多了，可以用一个饮料瓶剪掉上半部，只用下半部，周身打孔，并在口沿处剪上缺口，然后倒扣在漏水孔上就行了。

Q：其他容器也需要透气吗？

A：紫砂盆和塑料盆也需要注意透气的问题。对于紫砂盆，在挑选时就要注意，越是薄壁的紫砂盆透气性越强；反之，盆壁越厚则透气性越差。对于塑料盆，可以在盆体中下部用锥子扎眼，但盆上部不要扎眼，否则容易漏水。

Q：哪些多肉宜用小盆？

A：一些多肉植物根系少，生长缓慢，种植在小盆中，不仅有利于根系呼吸，益于它们成活和保持新鲜的状态，并且不会产生渍水。此外，小巧的植物搭配精美的小盆，更能体现出多肉植物的可爱。这类植物选择花盆时，可以选择与其根系大小差不多的，由于这类植物不容易"长大"，因此不必担心小盆会限制它们的生长。

Q：哪些多肉宜用大盆？

A：对于一些长势迅速、繁殖容易，非常容易形成爆盆状态的多肉植物，最好能给予它们足够的空间，大盆是不错的选择。

1.姬星美人：姬星美人是最容易爆盆的一种多肉植物品种，即使单独栽种，也很容易出现爆盆的状态，再加上合理的光温管理，植物会呈现出红蓝相间的颜色，使本来就肥厚的叶片看起来更加的可爱。此外，如果是用叶插法来繁殖的话，植物更容易爆盆。

2.姬秋丽：姬秋丽养护得当的话叶片会呈现出淡粉色，非常的美观，加上植物本身容易爆盆的特点，更是受到广大玩家的喜爱。姬秋丽的爆盆同样可以通过叶插繁殖来实现，如果摘取的叶片数量足够多的话，就可以在短时间内就形成爆盆的效应。

3.子持莲华：瓦松属的子持莲华也是一种很容易爆盆的多肉植物，它获得爆棚的方式是分芽繁殖，将植物的侧芽剪下，平放或者插入土中，很快就可以生根，如果想要一盆爆盆的子持莲华，可以对植物不停地修剪侧芽，有一点需要注意的是，子持莲华开花后会死亡，因此植物开花时应将花剪掉。

4.黄金万年草：黄金万年草生长速度很快，生命力顽强，非常容易出现爆盆的状态，再加上植物的售价低廉，因此被许多多肉玩家收入囊中。除了自然生长外，黄金万年草还可以通过分株或者枝插的繁殖方法来获得爆盆的状态。

5.虹之玉：虹之玉可采用叶插的方法繁殖，成功率很高，而且可以在很短的时间内爆盆。日常养护过程中，如果能控制好浇水并增加光照的话，植物还会呈现出非常好看的色彩。

6.薄雪万年草：薄雪万年草也是一种很容易爆盆的植物，通过砍头繁殖可以实现，即使不繁殖，让植物本身自然地生长，也能达到爆盆的状态。

7.小球玫瑰：小球玫瑰虽然单株形态不大，但是出现群生状态后，就有如一朵朵盛开的玫瑰花，非常好看。植物的繁殖也比较简单，剪下植株健壮的枝干进行扦插就可以了。

8.姬胧月：姬胧月常年的紫色叶片受到许多多肉爱好者的喜欢，植物本身可以算是多肉大家族中容易进行繁殖的品种之一了。将健康的叶子平放或者浅浅地插入培养土中，就能很快地长成一大片群生的爆棚植物。此外，姬胧月也容易长成老桩，欣赏价值很高。

多肉混搭也要用大盆

在生活中一些容器很容易被打碎，我们可以将旧的花盆重新装点，让它丰富有艺术美感，一起来修修补补吧。

相信很多玩家都遇到过这样的困扰，网购回来的花盆碎了，或是平时不小心将花盆打碎，却又舍不得丢掉，不知该怎么办才好。这里就向大家介绍一种修补花盆的方法，这样不仅不用把它们扔掉，或许还能让你的花盆变得更好看哦。

步骤

首先，我们将破碎的花盆重新拼凑好，在外部用透明胶固定，对于花盆的内部，我们可以用水泥浆涂在破碎的接缝处，然后粘上一层薄薄的纱线，最后再用水泥浆涂抹在纱线上，并稍稍压紧压平，将花盆放置在一旁，等到水泥浆风干凝固后，在原来的位置再刷一层水泥浆，并让其风干凝固，这样就完成了内部的处理。

内部毕竟只是埋土和种植物的地方，一般是看不到的，而花盆的外部如果有明显的裂缝就显得很难看了。别急，裂缝的处理方法很简单，我们可以用一些细小的五彩石，用镊子将五彩石沾一些水泥浆后粘在花盆表面的裂缝处，就像下图展示的一样，等水泥浆干了之后就完全可以正常使用了，处理后的花盆是不是一样的好看呢？

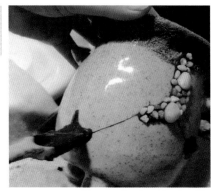

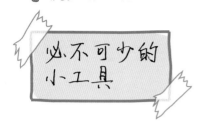

必不可少的小工具

就像传统花卉养护那样，多肉的养护也需要一些工具的辅助，不过多肉的工具要比传统花卉工具要小巧迷你可爱得多，有了这些小工具，会让你的日常作业更加便捷。

填土器

上盆换盆的必备工具，用来将土壤运输到盆器中，方便快捷。

浇水器

用来给植物浇水的工具，能够避免浇水时淋洒到叶片上，方便控制水量。

小铲子

主要用于填土、混土、挖取植物和移植等工作。

喷壶

另一种浇水工具，可以把水喷洒到叶片上，还可以清除叶片上的灰尘和土屑，喷洒在空气中可以保湿降温。

镊子

平时打理多肉植物必备的工具，可用于清理枯叶、夹虫子、捡石头、刨坑挖土、栽种、固定植物等。

剪刀

一种用来修剪幼苗、枝条以及根部的工具。

小勺子

用来铺面和把植料准确倒入花盆的相应位置，还可以用于造景、铲土、撒沙等。

洗耳球

主要用来吹掉多肉叶片上的灰尘和水珠。

小刷子

用来清理叶片夹缝上的灰尘和土屑，还可以用于授粉，是非常实用的工具。

小耙子

小巧灵活，使用方便，可用来拌土、松土和分苗等，是必不可少的工具。

手套

种植多肉时带上手套更干净、卫生。配土时还可以把板结的植料捏碎，喷药时避免药物接触皮肤。

小刻刀

可以用来对生病的多肉进行砍头或剥离发病部位。

第三章

多肉植物
养护全攻略

多肉植物上盆的操作

养好多肉，上盆是第一步，特别是在网店购买的多肉，一定要重新上盆栽种，因为网店寄过来的多肉基本不带土，所以要及时上盆。

刚买回家的多肉植物首先要进行上盆，如果你对买回盆栽的容器不满意，也要进行换盆，换盆的操作和上盆基本类似，下面就来具体地介绍上盆的步骤。

一、选盆

最好选择有孔花盆。如果选择的是无孔花盆，则要在底部铺上一层石子来做隔水层。因为多肉植物的根系生长到花盆的底部时，如果没有隔水层，则在每次浇水时会使根系直接和底部的水接触，形成浸泡状态，导致烂根。

长时间保持这种状态，会使水中的盐碱沉积在盆底，被多肉的根系吸收之后会伤害植物。而多肉植物有很强的连带性，底部根系腐烂就会导致上层腐烂，从而使植物死亡，因此尽量不要选择无孔花盆。

二、种植

在进行栽种多肉植物之前，要先将多肉植物清洗干净，然后将多肉晾至自然干透再进行栽种。这样可以降低根部因感染而导致的腐烂，增加成活率。

春秋季节进行栽植时，可以在清洗后直接种植。栽植后要注意将周围的土轻轻压实，可以选择使用镊子压实，避免损坏植物，使植物能稳固地生长在花盆中。

三、铺面

栽种完成的最后一步，也是最重要的一步，就是用颗粒植料铺面。这是因为刚刚完成种植的多肉植物，经常会出现左右摇晃不稳定的情况。此外，颗粒植料还可以改变透气效果，使最下端的叶片能充分享受足够的空气，防止植物最下端的叶片直接接触到土壤，造成发霉腐烂。铺面完成后，还有利于浇水工作。

1 选盆

2 铺隔水层

3 种植

4 铺面

5 压实

小贴士：

如果不用颗粒植料铺面，因泥炭土过轻，浇水时会使泥炭土漂浮起来，很难渗透下去。铺设颗粒植料之后，泥炭土无法漂浮，部分带有空隙的颗粒植料还可以吸收少量的水分。

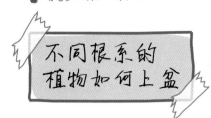

不同根系的植物如何上盆

多肉植物的上盆不是千篇一律，而是各有不同。

多肉植物的上盆非常重要，上盆后的伏盆过程也很关键，如果操作得当，多肉植物会长得很好；但如果处理不当，则可能很长时间都长不出好的状态。此外，对于不同特点根系的植物，上盆的操作也是有所不同的，下面就为大家一一揭晓。

一、普通的须根系

对于普通须根系的多肉植物，如果上盆方式不恰当，就会导致根系呼吸产生的废气无法排出来，积累在土壤里从而引发烂根，还容易造成黑腐病。

普通的须根系

普通的须根系正确上盆

普通的须根系错误上盆

正确的上盆方法应该先在花盆里加入一些土壤，堆积成圆锥形，然后将多肉植物的根系散开，再填入土壤固定住根系，这样才能最大限度地发挥出根系的效率，使根系保持透气，利于萌发新根。

二、根系很少的

这类植物上盆不当会造成不生根或者表面真菌感染等情况。正确的上盆方法是：先将土壤全部倒入容器内，然后在土壤的表面挖一个坑，大小以多肉植物的茎部很接近但不接触土壤为宜。这样，新根就可以在既潮湿又透气的空间里萌发成长。

三、营养根粗长的

营养根的特点是粗长、容易脱土，此类根系的代表品种是十二卷属的玉露。这类植物在上盆前千万不要将根系剪断，否则不利于植物后期的生长。正确的上盆方法是先在花盆里铺少量土壤，然后将营养根盘曲在花盆里，尽量让根系互相分开，然后填上土壤即可。

四、少根或无根的

由于这类植物的根系很短甚至没有，因此很难在盆土中固定，应采取深埋的上盆方法。正确的操作为先装半盆土壤，然后将少根或无根的多肉植物轻轻放在土壤表面，不埋土，接着填入大颗粒赤玉土之类的清洁透气的植料，填入的深度以能固定住整株植物为宜。

根系很少的莲座状多肉植物上盆

营养根粗长的多肉植物上盆

少根或无根的多肉植物上盆

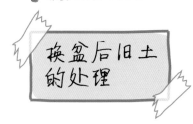

换盆后旧土的处理

多肉的养护很多时候都能废物再利用，进行一场环保大作战吧，旧土也能重新利用。

由于使用时间的增加，最初配土中的团粒状的结构会因为有机质的大量流失而被破坏，盆土会逐渐粉化、板结。但其中有很多材料还依然保留着原始的形状，因此，一些具有环保意识的玩家在对多肉植物进行换盆时，往往不会将旧土丢掉，而是选择回收利用。这样做并非不可行，但需要注意的是，旧土本身是有一定危害的。

旧土的危害

1. 旧土中含有大量多肉植物在生长过程中新陈代谢所产生的酸性物质。虽然我们知道植物适合在微酸性的土壤中生长，但是代谢出来的酸性物质和土壤中的腐殖酸是两种不同的概念，其化学成分非常的复杂，虽然目前没有确切的研究表明这种酸性物质会影响植物的健康，但可以肯定的是，

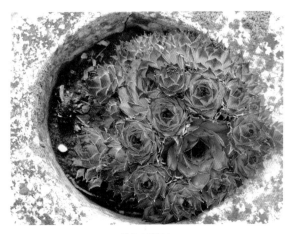

花盆中的旧土

这种物质对植物的生长没有促进作用。

2. 在日常养护中，浇水会在土中形成盐分的沉淀，施肥和打药也会在土中积留很多的盐分，随着时间的不断增加，盆土中所积累的盐分含量也不断上升，这样会使土壤容易板结。此外，盐分含量太高的土壤也不适合多肉植物的生长。

3.如果平时养护时没有及时地清理枯枝烂叶等，让它们一直待在盆土中，就会给细菌的滋生提供了良好的条件。由于多肉植物和其他的花卉绿植相比，其根系分泌抑菌物质的能力很低，一点杂菌都可能造成盆土的污染，轻则烂根滞长，重者传染全身。如果在换盆时发现盆土中有黄色或蓝绿色的毛状物质，就说明盆土已经被细菌侵染了。

4.由于长期的浇水，盆土中的营养物质会被水流不断冲刷而流失，相比新土，旧土里可溶于水的，也就是可供植物吸收的有效成分会少得多。因此，如果在换盆后继续使用旧土，可能会造成土中的养分无法维持植物的生长。

> **小贴士：**
>
> 虽然旧土有很多弊端或者说危害，但并不代表着旧土就完全不能够再使用了，实际上，只要对其进行一些处理，就可以回收再利用啦。

旧土的使用

1.用孔径2毫米左右的筛子先对旧土进行过滤，因为颗粒土在植物的根系伸展、挤压下会碎裂、粉化，所以根系周围的土一般都是碎的，去除2毫米以下的碎末，也就等于去除了根系排泄物最多的部分。

2.将留下的旧土放入高锰酸钾溶液中浸泡，目的是为了消毒和去除多余的盐分，并利用兰石、赤玉等材料密度不同的特性进行分离，方便后续区别处理。分离的同时注意漂浮在水面上的枯叶烂根，一定要处理干净。

换盆时的旧土

3.将浸泡过的盆土捞出来进行晾晒，如果混合土分离的不干净，晒干后可以反复进行浸泡、晾晒的步骤，但是不必用高锰酸钾，用清水即可。

4.晾干后，兰石可以直接混入新土中使用。而处理后旧赤玉土应该混入相同体积的新赤玉与一半体积颗粒泥炭，比例为2:2:1，装袋待用。正常使用时，把这个混合土当做全部是赤玉土来用，因为旧赤玉土很通透但是缺养分，颗粒泥炭有养分但是不通透，混在一起正好相互抵消。

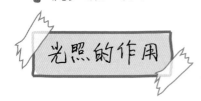

光照的作用

光照是植物生命的源泉，任何生物都离不开光照的滋润。

晒过太阳的多肉植物的状态跟缺乏阳光的多肉状态完全不一样。接受过充足日照之后，多肉的抵抗力明显会增强许多，植株也会越来越粗壮。

如果多肉植物徒长了就可以利用光照来进行修复。先转移到散光处养护，将徒长的多肉移植到容器中，将徒长的部分剪掉，剩下的部分会慢慢长出新的小芽，然后长出多肉植株。阳光在景天科多肉增色的过程中可以说是有着决定性的作用，只要每天能够照射到 4 小时或者以上的日照，就能够让多肉更美丽，颜色更亮丽。

适度的日照会使植物变得极具观赏性

春季时平均日照2个小时

春季时平均日照4个小时

充分接受光照的仙人掌植物

日照的时间不仅要达到 4 小时，还最好要求是直射的阳光，因为如果是穿过玻璃和其他的物质过来的，光线中的紫外线会被削弱很多。对于多肉来说，紫外线就是美容剂，所以如果是在玻璃房间内养多肉也不能起到增色的效果。

对于刚入手的多肉植物可以放在散光、通风处养护几日，待适应环境后，逐渐见光养护。

　　光照的奇妙之处主要表现在它可以改变多肉植物的颜色，并且是见效最快的一种方式。如果把一盆长期养在室内的多肉挪到阳光充足的地方，要不了几天就会发现叶片颜色开始变化。尤其是当光照与温差同时起作用的时候，多肉叶片的变色效果更加明显，叶色也更加美丽。要注意的是：并不是所有品种在阳光下都变红，根据多肉各自不同的特性，颜色会有所不同，比如黑法师会随着日照的增多变成黑色，黄丽会变成黄色等。

小贴士：

多肉植物最喜欢充足的光照，因此，光照时间的长短直接影响着多肉们的鲜艳外衣的华美程度。日照时间长，多肉们更容易变色；日照时间短，多肉们一般会保持淡绿或者绿色。

日照适中，小苗生根快

日照不足，小苗生根缓慢

缺乏色彩的多肉宝宝

　　阳光温暖的午后，将呆萌的多肉放在柔和的光线下晒个日光浴，也许过几天就可以看到多肉的身上又多了几抹亮丽的色彩。光照是多肉的最丰富的调色盘。

　　前几天还颜色惨淡的多肉，在晒过太阳后，可能就变得生机勃勃、焕然一新。大多数的多肉植物经过充足的日光照射后颜色会靓丽不少，特别是景天科的植物最能表现颜色的变化。

　　给多肉充足的阳光不是说要暴晒在太阳下，而是将多肉放置在能晒到太阳的窗台边，每天至少2个小时柔和的光照，这样晒出来的多肉会是丰富多彩而且健康的。

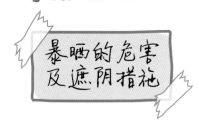

暴晒的危害及遮阴措施

光照是一把双刃剑，如果利用不当也会对植物造成伤害。

虽然日照对多肉植物很重要，但是也要避免烈日暴晒。春秋季节是最容易发生晒伤的，很多人认为日照越强烈对多肉植物越好，或者认为日照充足就能让多肉的颜色更见鲜艳，于是将一盆刚适应室内环境的多肉搬到室外暴晒，这是最容易受到伤害的，日照过于强烈甚至会将多肉植物直接晒成肉干。在夏季做一些防护措施比如适当地遮阴等是非常必要的，一些对高温比较敏感的植物还要搬到阴凉的地方度过夏季。

突然的暴晒会使植物枯死

夏季需要给多肉植物进行遮阴时，最好选择防晒网。还可以根据自己的需要订制一款可收可放的防晒网，这种设施在养殖多肉过程中非常有必要。选择防晒网能够比较方便地控制多肉的见光需求，如果不想专门订制防晒网，可以将多肉宝宝放在窗帘旁边，太阳太大的时候将窗帘放下，为多肉宝宝挡一些阳光。

紫外线很强烈的情况下，也要对多肉进行一些防晒措施，例如防晒网等。也可以将多肉植物放在玻璃后面，利用玻璃阻隔大部分的紫外线。要出差的人群，可以将多肉放在窗后，拉上窗帘后，再拉上一层纱帘，防止植物晒伤。

放在玻璃后面能阻挡紫外线

如果希望让多肉植物适应强烈的日照，需要一个循序渐进的过程，突然将多肉放置在日光下暴晒会对植物造成伤害。要合理地运用日照长短和日照的强弱，使多肉健康地成长。

我们常说的散射光环境究竟是什么呢？

散射光的环境

在介绍多肉植物的生长习性以及光照管理时，我们常常会说到散射光这个概念，刚上盆的多肉植物，或是生病、长势虚弱的植物，都应放在散射光的环境下。那么究竟什么才算散射光呢？它是与天气相关，还是和植物摆放的位置相关？下面就为大家来解释何为散射光。

散射光

散射光，顾名思义，就是指散射的光线，与光线直射是相对应的两个概念。换言之，如果不是直射光照的环境，那么就可以算是散射光了。例如，将植物摆放在毫无遮挡的地方，接受暴晒，那就是直射光的环境；然而，如果将多肉植物摆放在卫生间、客厅的桌子下或厨房等地，虽然没有太阳光的直射，但仍有光和亮，这就是散射光的环境。

虽然散射光不是阳光的直射，但也属于自然光的范围，和人工补光是不同的。散射光来自于天空，

散射光环境能让多肉生长更健康

从四面八方投向植物，既均匀又柔和，植物全身上下的叶绿体都可以进行光合作用。而就算你的补光灯用得再好，功率再大也只能给多肉植物的受光面提供光照，而背向光源的叶片和被阴影挡住的叶片则完全没有光合作用的效率，无法和大自然的散射光相提并论，如果盲目地人工补光，还可能会灼伤植物，并不能取得很好的效果。

散射光的环境和植物的摆放位置

散射光的环境和植物的摆放位置也有关系，衡量散射光环境好坏的标准就是多肉植物所在位置能看到天空的面积，面积越大则散射光越均匀和明亮。简单说就是遮挡物的多少和角度大小，遮挡物越多，遮挡角度越大，则散射光的环境就越差。现在的小区楼

与楼之间的距离较近，如果是在阳台和窗台上养多肉的话，往往只是移动很小的位置，就会造成光照的很大变化。摆放的位置越是靠后，散光的亮度越差。

以向南的窗台为例，夏季阳光的入射角比较大，会造成房间内部比较昏暗，窗台上应少摆放一些多肉植物，特别是南方地区，建议只摆放一排植物，剩下的根据习性不同可以放在室内或者露天养护。冬季阳光入射角度小，房间内会比较明亮，窗台上可以比夏季多摆放一些多肉植物。此外，向东的阳台，能晒到早晨温和的太阳，而过了中午阳光就会被墙壁挡住，如果将植物摆放在这里度夏，就可以不用考虑遮阴的问题了。

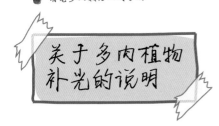

关于多肉植物补光的说明

多肉植物有时需要人工补光，但不能盲目地乱补。

在开始多肉植物补光的说明之前，我们先来了解一下光学知识，光根据波长的不同可分为可见光和不可见光。太阳光中的 96% 都为可见光，剩下的 4% 为不可见的紫外线，紫外线的过多照射会造成地球上生命体的受伤甚至死亡，然而少量且足量的紫外线对于生命又是不可或缺的。

紫外线

波长 320 ~ 420nm，为长波黑斑效应紫外线。它有很强的穿透力，可以造成多肉植物变色，从而显现出美丽的粉色、红色等。因为秋天午后的紫外线最为强烈，所以多肉秋天颜色非常美丽。

波长 275 ~ 320nm，为中波红斑效应紫外线。在夏天和午后会特别强烈，可以令植物表皮老化和植株矮化，从而提高抵抗力。但是它无法穿透玻璃到达室内，所以室内多肉容易徒长。

波长 200 ~ 275nm，为短波灭菌紫外线。它的穿透能力最弱，但对人体的伤害很大，短时间照射即可灼伤皮肤。这种紫外线的灯绝对不可用作植物补光灯，但是可以作为植物保健灯。

可见光

可见光就是我们看到的太阳光的七色混合光，简称白光。对于植物而言，白光中的红、蓝光是其生长需要的。红光促进开花结果，蓝光促进根茎叶生长，而剩下的橙、黄、绿、青光对植物生长基本没有作用。可见光的补光灯主要有三种。

第一种是窄谱紫外线（UVB）灯，其特点是专业但非常昂贵，将这种灯放置在距离多肉植物 50 厘米的高度每天照射 30 分钟，可防止徒长。如果距离较远，可适当地增加照射时间。

第二种是广谱紫外线（UV）灯，可将这种灯放置在距离多肉 50 厘米的高度每天照射 30 分钟，功能是上色、保健、防徒长。

第三种是红蓝光灯，特点是高效美观、节能且使用寿命长。可每天照射植物 12 小时，作用是帮助植物生长，但夜晚不要照射。

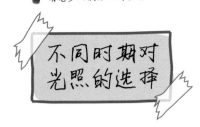

不同时期对光照的选择

植物对光照的需求不是一成不变的，而是根据时间的不同而不断变化。

家庭栽培多肉植物，要充分利用生长季节，如何高效地利用这段时间，决定了植物的生长速度和状态。多肉植物一般会在冬天低温时或夏天高温时进入休眠状态，大部分的生长高峰集中在 4~6 月以及 10~12 月。

四季光照控制

秋季和春季类似，也应给予植物充足的光照，此外，如果是夏季休眠的植物，在秋季应适当地进行遮阴。需要注意的是，秋季的阳光中紫外线强度较大，要时刻关注植物的状态，在充分接受光照的前提下，如果植物的叶片仍然保持原本的颜色，那就没关系，但如果原本为绿色的叶片开始渐渐泛红，那就说明光照太强了。

休眠期光照控制

在多肉植物生长旺盛期接近尾声，快要进入休眠状态的时候，也就是 6 月底和 12 月底，这段时间往往昼夜温差较大，植物体内的营养开始慢慢积累，此时是控制植物徒长，使植物形成矮化、紧密株形的最佳时机。在这段时间，应适当地增加光照，既能控制徒长，也加快了植物养分积累的速度，为进入休眠做好准备。

多肉植物生长旺盛期的光照控制

在多肉植物的生长旺盛期，应该给予充足的自然光照，例如十二卷植物，在经历过低温阴雨的冬季休眠后，体内聚集了不少的毒素，盆土中的细菌或虫卵也慢慢地开始滋生，此时，到了春季，应该将原本放在室内的植物搬到室外去逐渐地接受光照。但是注意一定要循序渐进，不能让植物突然接受暴晒，否则容易造成植物死亡。

如果你的植物是摆在窗台的位置，可以先将窗户打开，让春天温暖的光照使盆土慢慢升温，促使植物生长激素的分泌。此外，阳光中的紫外线还能杀死土壤中的病菌、虫卵等有害物质。

处于生长旺盛期的多肉植物

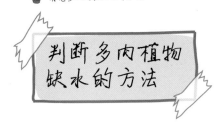

判断多肉植物缺水的方法

多肉植物不会说话，我们如何才能知道它们是不是"渴了"呢？

多肉植物在遭遇缺水时会消耗自身体内的水分来维持基本的生长需要，时间稍长，多肉肥厚的叶片就会慢慢干瘪，慢慢出现萎缩。而且有些植物在缺水的情况下，叶片会变软，这些情况的出现向我们传达了一个信息："我渴了，要喝水。"

看到叶片出现了不正常的现象，我们最好给多肉浇一些适量的水，但不要一次浇水过多，否则会阻碍多肉的恢复。

一般缺水的多肉在浇水后的 2 ~ 3 天内会慢慢恢复生机，叶片越来越饱满，如果没有，就可能是出现了其他的问题。这时需要将多肉拿出土面，观察一下多肉的根。最有可能是根系遭到了破坏，不能正常地吸收水分。

判断多肉是否缺水一直是一个令新手头疼、老手挂在嘴边的问题。这里有几种多肉爱好者总结出的判断方式，如果真的拿不准，可以用这些方法试一试。

第一个方法是竹签判断法。具体的方法是将竹签插进土壤中大概三分之二处，要浇水的时候将竹签拿出来查看，竹签上的颜色不变或者颜色较浅时就需要浇水了。

第二个方法是观察法。看到表层土壤颜色发白或者比较干燥时，可以扒开土壤看一看深处的土壤是否也是干的，如果是，就需要浇水了，一次浇透。

第三个方法是敲盆法。轻轻敲击盆壁，如果发出空心的声音就是缺水。这个方法适合老手使用，毕竟新手经验较少，无法判断什么是空心的声音。

浇水的作用

多肉植物胖嘟嘟的叶片中几乎都是水分，因此浇水是一项关键作业。

多肉塑形可以有好几种方法，一般说来除了使用光照来给多肉塑形之外，还可以使用浇水来进行多肉塑形，瘦身或者增肥都可以。

多肉生长的过程是一个缓慢的过程，所以想要给多肉进行形象改造的话，也是一个缓慢的过程，需要等到植株木质化之后才能进行。

使用浇水进行塑形的话，就是通过控制浇水量和浇水次数来控制多肉的生长速度，可能会抑制多肉的生长，也可能是促使多肉徒长来进行塑形。

多肉植物徒长在很多人看来是一种不健康的表现，其实并不是所有的徒长都是病态的，徒长是多肉一直在生长，只是生长不全面而已。

有些多肉通过徒长会变得更漂亮，植株的外形会更可爱，所以通过控制浇水让多肉徒长来塑形也是一个很好的方法。

塑形的时候将多肉放在散射光处，看到水分流失就要浇水，给多肉一个湿润的环境。夏季遮阴，冬季增温，确保多肉的生长环境始终是适合生长的温度和湿度，这样就可以让多肉植物一直处于生长状态。

当经历过一段很长时间的生长之后，多肉植物就可以长到我们期望的长度，枝干慢慢变长，叶片越来越多，虽然刚开始会非常难看，但只要好好利用就能变废为宝，丑丑的多肉就可以变成萌萌的小可爱。当多肉的状态达到期待的形状，就要减少浇水了，然后慢慢地增加光照，给多肉增色。

喷壶喷水

浇水后擦干叶片表面

浸盆法浇水

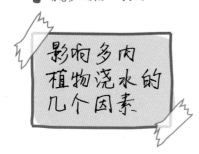

给植物浇水时还要考虑天气、地区和容器等因素。

季节和天气

春、夏、秋这三个季节最好在傍晚或者下午凉爽的时候浇水，而冬季因为温度过低，最好选在中午时分浇水。

天气预报基本是我们每天必看的内容了，看天气预报主要是为了了解以下重要的信息：晴天、下雨、温度、风速等，这些信息决定了在未来几天是不是还要浇水。如果出现阴雨连绵的天气，近几天就不要浇水了；相反如果连续的晴天，而且风速也还不错的情况下，就可以频繁浇水。

地域的不同

在西北方，因为比较干燥，就需要多浇水，而在沿海地区，因为温度与湿度都比较适宜，就算是夏季，因为有海风吹来，实际温度也会低很多，这个时候多肉植物会直接越过休眠状态，可以放心地浇水。

在南方地区，夏季可能比较热，并且持续的时间也较长，这个时候多肉植物就会进入休眠状态，就不要给多肉植物浇水了，因为多肉植物要靠断水来度过夏季。但是断水的时间不能过长，否则会导致多肉植物的死亡，这个时候可以适当增加一些湿气，例如，可以在花盆的托盘中加入一些水，傍晚凉爽的时候可以用喷壶向叶片或者整株喷洒一些水分。

浇水是多肉生长的重中之重

容器的不同

陶盆透气性好，是最理想的盆器，因为不会存在涝死植物的情况，哪怕是干一点，只要多肉植物不死，浇水后状态还是比较好的。但是陶盆水分挥发的过快，会影响植物的水分吸收，减缓生长速度。特别是夏季，高温下透气性好的花盆中几乎没有水分可以存蓄，直接导致多肉植物的死亡。在春秋季节比较凉爽、日照充足的时候，陶盆里的水分几乎一两天就会干枯，可适当浇水。而陶瓷、铁器等花盆因为透气性能较差，浇水间隔一般都是陶盆的 2 ～ 3 倍。夏季说的断水也是针对这些透气性较差的花器而言的。

什么样的水最适合多肉

植物生长的三要素为阳光、空气和水，对于水，我们不仅要知道浇水的量和时间，水质的选择也是很重要的一点。

水根据存在形态的不同，可以分为地表水和无根水。

地表水就是江河湖海里的所有液态水，水中溶解了不少的地表矿物质和微量元素，所以水的硬度比较高，因此地表水也叫硬水，水中含有较多的无机盐。无根水是指在大气中自然凝结的液态水，也可以是以气态形式存在的水汽，无根水也叫软水，水中的盐分含量较少。

那么地表水和无根水哪一种更适合用来给多肉植物浇水呢？

由于多肉植物的肉质根渗透压很低，过量的盐分会导致根系细胞脱水，因此，盐分含量更少的水，也就是无根水，更适合用来浇灌多肉植物。

此外，水的酸碱度也是衡量是否适合多肉植物的一个重要指标。

我们都知道，动物的细胞液是弱碱性的，因此人应该饮用弱碱性的水，比如矿泉水。而多肉植物却正好相反，它们更加需要或者说更加喜欢弱酸性的水，这是因为植物根系新陈代谢排泄的废物会堆积在根系周围，这些废物如果不被清除的话就会影响植物的健康，而酸性水就能溶解这些废物。此外，盆土中能够被植物利用的元素也必须先经过酸性水的溶解，如果一直用碱性水来浇灌植物的话，就会使盆土和排泄物全部板结，造成植株的死亡。

其实，说了这么多，很多人平时都是用自来水来给植物浇水的，那么可不可以呢？答案是可行的，因为自来水本身通常都是弱酸性的，但自来水中的溶解物比较多，在给多肉植物浇水前，最好先将自来水盛入水盆或水桶中静置一夜，这样既能使水中的氯气散发，也能使水温更加接近室温。

此外，我们常说多肉植物不能长期接受雨淋，但是雨水就是自然界中的无根水，少量用雨水来浇灌多肉植物是有一定好处的。

水培多肉的用水和换水

多肉植物除了盆栽养护以外，还可以水培哦。

盆栽多肉植物的生存环境是土壤，配土对其而言非常重要，而水培多肉植物的生长环境是水，因此水质的选择和换水是养护的关键。

水的选择

关于水培多肉植物的用水，理论上只要没有被污染、呈微酸性的水就可以了。家庭中通常都选择用自来水，水培前最好先将水静置一天，此外，干净的雨水或雪水也可以用来进行水培，而矿泉水一般不能用作水培植物的用水。

换水

在多肉植物的水培过程中，植物由于正常的生长代谢会不断消耗水中的溶解氧以及养分，并且还会将代谢的分泌物排到水中，导致水中的氧气不断减少，水质不断地

水培芦荟

下降，这样的环境会不利于植物的生长，容易导致植物病变甚至死亡。

因此，我们需要定期对水培植物进行换水，一来是清理了水中的残留物质，二是重新获得了有氧的环境，从而使水培多肉植物正常地生长。

剪下健康枝条　　　　　　　　晾干伤口　　　　　　　　　进行水培

那多久换一次水合适呢？这与天气情况、多肉的品种以及生长状态等多种因素有关。

首先和气温有关，气温越高时，水温也就相对越高，此时水中的溶氧量就会降低，并且植株的呼吸作用加快，对水中溶氧量的消耗增多，因此，当天气较热时应经常换水，例如夏天最好每周换水一次。反之，气温较低时，水温也就相对较低，此时水中的溶氧量就会升高，再加上植株的呼吸作用变得缓慢，消耗水中的溶氧量减少，因此，当天气较冷时，可以减少换水的次数，2~3 周一次，甚至每月一次都是可以的。

其次，根据植物生长阶段的不同，对水中溶氧量的消耗程度也不相同。春秋季节一般是多肉植物的生长旺盛期，植物消耗的氧气较多，但好在此时水中的溶氧量不算太少，这个阶段的换水频率以 10~12 天一次为宜。而到了冬天，大部分多肉植物都处于生长停滞的休眠状态，只有少数冬型种的植物，如十二卷属、景天属、鲨鱼掌，还在缓慢生长，除了这些植物外，其他的水培多肉植物的换水频率可控制在 20 天左右一次。

换水注意事项

1. 在换水的过程中，要将水培的植物取出来，用清水轻轻地冲洗掉植株根部的黏液，如果发现有老根、烂根或是枯黄的叶片，都要全部剪去。

2. 在换水时，不要一次性将水倒入容器中，可以取两个容器，让换的水在两个容器中来回倒，这样可以通过撞击来增加水的溶氧量，有利于根系的呼吸作用。

3. 换水时不要将水加得太满，水位控制在植株茎基以下1~2厘米处为宜，这样植物不仅能吸收水中的溶解氧，还能吸收空气中的氧气。

4. 如果你的水培多肉植物是放在光线充足的地方养护，容器的内壁就可能会容易生长青苔，换水时应清理干净。

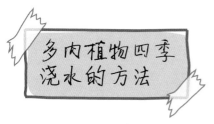

多肉植物四季浇水的方法

季节的不同，浇水的要求也不同，学会这些对养好多肉植物至关重要。

春秋浇水注意事项

很多多肉植物玩家都认为夏季和冬季才是养护多肉的困难时期，因此只在这两段时间上苦下功夫，而春秋季节则并没有那么上心，这样就可能会造成一个结果，就是你的多肉植物顺利地度过了冬夏季的难关，却在春秋天受到了伤害。

春秋季一般是多肉植物状态最好的季节，注意控制浇水和增加光照会使植物非常的漂亮，但如果你在控水方面做得过度了，反而会造成不好的结果，那就是植物出现黑腐的状况。

什么是黑腐呢？出现黑腐的植物茎干看上去挺健康，并没有问题，但如果你用刀将其切开，会发现截面上会有一些黑点，再将植物从盆土中挖出，你会发现植物的根系虽然看起来发达，但大部分已经干枯了，只要轻轻一扯就会断掉。

黑腐是一种不可忽视的病症，很容易造成植物的死亡。究其原因，就是控水过度导致盆土过于干燥，要知道，真菌的生存是需要一定湿度的，当盆土中几乎不含水分时，多肉植物的根系中却还保持着一定的湿度，因此，土壤中的真菌会争相前往植物的根系，这便是黑腐发生的原因。

此外，过度控水还会导致多肉植物进入缺水性休眠。由于植物的根系需要有足够的水分才能存活，因此当水分不足时，植物就会抛弃大量的根系，从而减少水分的散失，在天气不热的情况下，缺水性休眠的植物能比较长时间地保持叶片的硬度，如果发现植物的叶片已经开始变软了，那就说明植物的根系已经丧失了吸水的能力。

黑腐

如何解决过度控水后留下的问题呢？

首先，要观察是否有很多新根或者气根从茎部或者茎部与主根衔接的地方萌发出来，但老根上却没有任何的新根萌发。如果是这种情况，则说明老根已经枯萎，对于枯萎的根系要立刻除掉，否则很容易成为黑腐的诱因。

其次，在发现老根枯萎后，浇水不能再干透浇透，而要尽量保持盆土的潮湿，并且千万不能断水，这样才能让根系重新变得发达起来。

夏季浇水注意事项

夏季天气条件比较恶劣，遮阴、通风和浇水是多肉植物度夏的三个关键，对于浇水这个环节，我们需要知道浇水的时间、浇水量和浇水的方式。

夏至到立秋这段时间是夏季最为炎热的阶段，也是多肉植物度夏的关键阶段。此时的浇水时间以傍晚和晚上为最佳选择，因为白天温度相对较高，再加上烈日的作用，浇水后往往会造成盆土过热，从而伤害到植物。而傍晚和晚上的温度相对较低，再加上一夜的通风，会使水分在盆土中扩散得更加均匀。此外，多肉植物在夏季的夜晚通常比白天更加活跃，能够适应突然增加的水分。

夏季浇水的频率应比平时更低一些，以盆土完全干透或快要干透的时候浇水为宜，需要注意的是，如果你的盆土透气性不是很好的话，当土壤表面看起来已经完全干燥的时候，其实里面还是潮湿的，因此也可以选择在植物叶片略微皱缩的时候进行浇水。

夏季的浇水量应控制，不能浇透，多肉植物的保水能力很强，尽量少浇点水对植物的健康是有好处的，而浇水过多就容易伤害到植物了。但如果夏季的气温不高，不到30℃，并且你的花盆和盆土的透气性非常好，再加上一个通风良好的环境，干透浇透也是可以的，否则，应把握"宁少勿多"的原则。

除了浇水外，还可以在夏季的傍晚对多肉植物周围的环境进行喷雾，而不是直接对植物喷，这样既可以起到补充水分的作用，也可以达到降温的效果。

夏季给多肉植物浇水时，应沿着花盆的边缘少量浇水，让水分在盆土中自由扩散。浇水的时候还要尽量避免直接浇向叶心、叶腋，因为如果出现积水，再加上烈日的照射。很容易使植物的叶片出现黑掉的现象。

还有一种浇水的方式，就是快速浸盆法，这个方法可以保证给予多肉必需的水分，而不用担心浇水过多，但缺点是太花时间，并且容易使根粉蚧在盆土中传播。

冬季浇水注意事项

不同季节对于浇水的要求也是不同的。在冬季，不是多肉植物的主要生长期，浇水不用太勤快，更少的浇水量，更长的浇水间隔，可以让多肉更加美丽健康。

然而，同样是在冬季，浇水作业也不是千篇一律的，不同的天气，不同的植物品种，也决定了不同的浇水方法。

例如当冬季温度在 15℃ 左右时，浇水可以和生长季节保持一样；当冬季温度在 10℃ 左右时，只需降低浇水的频率即可；当冬季温度在 5℃ 左右时，则需要适当地控水，但不要完全断水；而当冬季温度低于 0℃ 时就最好停止浇水了，并注意防寒。

冬季气温一般比较低，大部分多肉植物会进入休眠或半休眠状态，生长缓慢或停滞，根系的活力减退，再加上冬季的水分不容易蒸发，如果盆土还没干透就浇水，会使根系呼吸不畅，造成根系腐烂甚至死亡。因此，冬季浇水最好等到盆土干透了再进行。或者可以等多肉植物的叶片稍稍变软、干瘪的时候进行浇水，因为这是植物缺水的信号。进

入休眠状态后的植物，一般每个月浇水 1~2 次即可，浇水时沿着盆的边缘少量给水。

不同品种的植物在冬季浇水的指标也不相同。对于十二卷属的植物，当夜间温度低于 5℃时，可以少量给水或断水，因为此时植物还会缓慢地生长，温度再低就会导致植物受冻。而对于仙人掌类植物，当温度低于 10℃时就可以断水了，否则会影响植物第二年的生长。

冬季浇水的时间最好选在晴天的中午，因为早晚的气温较低，此时浇水容易使植物受冻，并且浇水后水分无法散发，不利于植物的生长。如果冬季气温过低或者是连续的阴雨天气，可以暂时不浇水，晚几天也没关系，因为多肉植物在这段时间对水分的要求本来就不高，不要因为急于浇水，而使其受到冻伤。冬季浇水时，可以加入一些温水，使水温接近盆土的温度为宜。

对于北方地区，如果多肉植物摆放在有暖气的室内，那么空气会比较干燥，应该比南方地区的浇水频率更高一些，可以三天左右浇一次水。但如果浇水过多而光照又不够的话，植物容易徒长，因此可以考虑向叶面喷水来解决环境干燥的问题。

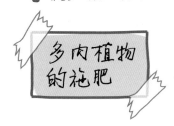

多肉植物的施肥

多肉植物一般所需肥料不多，但还是有一些需要知道的知识。

多肉植物的原生地多在沙漠荒野之地，土壤贫瘠，养分很少，因此也有许多种植爱好者提倡多肉植物的种植应该模拟其原生环境，不施肥，少施肥。但是植物生长，肥料又是必需的。

肥料可以提供植物生长所需的三大要素：氮、磷、钾。

多肉植物需要的肥料很少，正常情况下几乎不用给肥。多肉植物的生长比较缓慢，在用肥的情况下，短时间内也很难看出效果。禁止为增快植物的生长速度而催肥，施催肥反而会伤害植物。

需要用肥的植物，可以使用"缓释肥"，不仅方便省事，而且适合多肉植物的生长。在土壤中混入少量或者在土壤表层撒入几粒即可保持约6个月的时间。

多肉植物很适合这种缓慢释放肥力的肥料。

施肥注意事项

由于多肉植物一年只长几片叶子，养料消耗很少，而且一年中还有几个月的休眠，所以家养多肉植物时，土壤中现有的养分已经足够了，几乎不需要额外的肥料补充，注意以下两点即可。

多肉植物的肥料

1.施肥与生长速度要协调。对于一些如岩牡丹属、帝冠、花笼等生长极为缓慢的品种，以及生石花属的多肉植物，还是少浇或不浇为好。这就是说，施肥和浇水一样，要和这些品种本身的生长速度相适应。越是需要少浇水的品种，也就可以少施肥。不过一些多肉植物在养护的过程中，加大温差，促进生长，也经常施一些速效肥，效果显著。所以施肥一定要根据多肉植物生长情况来调整，这样可以起到良性循环的作用。

2.植物开花时要施肥。植物的开花结果是一次重要的生命周期，所以每到这个时候，植物全部的组织都会配合这次生养后代的重要行动，其中包括：茎秆会加粗以防止花朵果实过重而倒伏；根系会抓的更深，帮助吸收更多的养分；有些植物连叶片都会适当的脱落，以免遮挡昆虫的授粉和果实的采光。因而此时多肉植物需要更多的额外肥分补充。

仙人球施肥要点

仙人球是多肉植物的一种，其饱满的球体、强健粗壮的刺、鲜亮艳丽的花朵受到很多玩家的喜爱。我们通常认为仙人球是不用施肥的，其实给仙人球施好肥，是十分重要的。

首先，在给仙人球施肥的时候，我们应知道肥料如何使用和搭配，下面就给大家介绍一下仙人球施肥的肥料选择。

1.基肥和追肥分期使用，并以基肥为主。基肥应在植物换盆时，在盆底加入骨粉、牛粪等，追肥则是在生长期中施用。

2.有机肥与化学肥料结合使用，并以有机肥为主。有机肥可在家中自行沤制。

3.磷钾肥与氮肥合理搭配使用，并以磷钾肥为主，以氮肥为辅。

4.液态肥与颗粒肥交替使用，并以液态肥为主。

5.肥料与抗菌药或杀虫药等物结合使用，并以肥料为主。

其次，根据仙人球生长状态、摆放位置等方面的不同，施肥也应区别对待，下面将总结出一些要点供大家参考。

1.动物的骨粉、蛋壳粉、碎贝壳、老墙土中含有丰富的钙质，用这些材料来给仙人球施肥，能使植物的刺更加的健壮和鲜艳。

2.在一年中，氮肥的施用量春季应多一些，越冬前应少一些。

3.仙人球施肥要把握"薄肥勤施，宁淡勿浓"的原则。

习性强健的仙人球植物
也需要施肥

4. 大部分鹿角柱属的仙人球对磷、钾肥的要求很高，平时应多施用一些此类肥料。

5. 用腐熟的蚌壳和螺蛳壳混入培养土中，能使不易开花的仙人球开出魅力的花朵。

6. 幼苗期的仙人球要多施肥、多施氮肥，肥料的浓度要淡。

7. 成熟的仙人球要少施肥，每次的施肥量较大，花芽分化期和开花结果期以施磷肥和钾肥为主。

8. 对于小型的仙人球，生长期一般施肥3~4次，并且保持施肥量较小，对于大型的仙人球，生长期一般施肥5~7次，并且每次的施肥量较大。

9. 对于生长速度较快的仙人球，要多施有机肥，以促进植物的生长，对于已经现花蕾的仙人球，要施磷肥，忌施氮肥。

10. 一年之中，以3~8月为仙人球施肥的最佳时期，一天之中，以晴天的清晨或傍晚为仙人球施肥的最佳时间。

11. 摆放在室外养护的仙人球，光照充足、空气流通，宜多施有机肥，并且可以向植物喷淋速效肥料；而摆放在室内养护的仙人球，宜多化学施肥，并且不能向植物喷淋液肥。

12. 在给高砂、白星等质地较软的仙人球施肥时，肥液的浓度一定要低。

13. 生长不良、球体受伤或者受到病虫害侵袭的仙人球不能施肥。

14. 刚出土的幼苗或者刚上盆的仙人球不能施肥。

15. 含苞待放或者正在开花的仙人球不能施肥，快要发根的仙人球也不能施肥。

16. 刚买回家的仙人球不能施肥。

17. 长期缺少光照或者在阳光直射下的仙人球不能施肥。

艳珠球　　　　　　　　　　老乐柱　　　　　　　　　　小人帽子

水培多肉植物的施肥

水培花卉生存的介质是水，而水中所含的营养物质和微量元素与土壤相比，相差悬殊，此外，水中几乎不含植物生长所需的大量元素氮、磷、钾，因此水培花卉的肥料就需要营养液来供给。水培营养液中含有花卉生长所需的所有必需营养元素，包括氮、磷、钾、钙、镁、硫、铁、锰、锌、铜、硼、钼、氯等。

如果水培的多肉植物很多叶片都开始失去绿色，变为黄色，就说明植物缺乏营养。如果大部分叶片都很健康，只有外围的少量叶片变黄的话，可能是植物的正常新陈代谢，暂时不用施肥。如果植物矮小、生长缓慢，那就是植物缺肥的表现，需要对其进行施肥。

刚开始进行水培的多肉植物，也许会不适应水中的环境，常常会出现叶色变黄或个别变烂现象，此时不要急于施肥，可观察十天左右，如果植物适应了环境，健康地生长后，就可以施肥了。

水培多肉植物在生长旺盛的春、秋季，一般每一次换水时都要加一次营养肥，而在夏季高温时，植物对肥料浓度的适应性降低，一些不耐热的多肉品种会进入休眠状态，所以此时应降低施肥的浓度或停止施肥，以免造成肥害。此外，如果水培多肉植物因为长时间缺少光照而导致长势变弱时，此时也要少施肥或不施肥。

水培多肉植物施肥应注意掌握好施肥浓度。在土壤栽培时，如果肥施多了，可以通过一次次浇水从花盆底部排水孔逐渐流失。但是水培则不同，因为添加的所有营养元素全部都溶解在水里，一旦浓度过高，就会对植株造成肥害，严重时会导致植株死亡。

水培多肉植物发生肥害的表现是枝叶柔弱而无精神，叶面失去光泽，根系腐烂发臭等，如果发现这些现象，首先要及时取出植株，剪去植株的烂根，然后将容器内的水倒掉，将容器清洗干净，再换上新水，将植物放入容器中并置于阴暗处进行养护，每天换水一次，并检查植株的根部，及时剪去烂根，直到重新萌发新根，再转入正常的养护。

水培的多肉施肥很简单

如何在家中自制有机肥

不想去外面购买肥料的话，自己在家中也可以动手制作。

其实，多肉植物的肥料不一定非要去花店里购买，自己在家中就可以动手来制作，生活中的很多废弃物都可以作为原料，下面就为大家来介绍具体的方法。

1. 鸡鸭毛、猪毛、头发和牲畜蹄角。直接埋入花盆内或浸泡沤制，都是很好的磷钾肥，肥效可持续两年以上。

2. 将鸡蛋壳内的蛋清洗净，在太阳下晒干后放入碾钵中碾成粉末。可按1份鸡蛋壳粉3份盆土的比例混合拌匀，是一种长效的磷肥。

3. 将猪排骨、羊排骨、牛排骨等吃完剩下骨头装入高压锅，蒸30分钟后，捣碎成粉末。按1份骨头屑3份河沙的比例拌匀，氮、磷、钾含量丰富，可作为多肉植物的基肥，有利于植物的生长。

4. 厨房抽油烟机中的废油，也可以作为一种肥料。

5. 喝剩下的茶水、不用的淘米水、草木灰水，洗牛奶瓶的水等都是很好的钾肥，并含有一定的氮、磷等营养成分，可以直接用来给多肉植物施肥，能使植物的根系发达，枝叶茂盛，并且能提高植物的抗病虫害的能力。

6. 将水果皮、烂菜叶等与沙土按1:2的比例混合均匀，装入小桶、盆罐等容器内，密封后沤成腐殖土，既可以直接作为多肉的盆土，也可以当追施使用。

7. 中药渣中含有丰富的营养成分，既可以直接洒在盆土的表面，也可以浸泡沤制成肥水来使用，效果都很好。

8. 将食用的菜籽饼、花生米、豆类或豆饼、酱渣等煮烂后放置在坛内，加入适量的发酵剂，并加入少量水，密封沤制一周左右，即可取出稀释作为氮肥使用。

9. 将羊角、猪蹄、骨头、鱼肠肚、禽类粪、肉骨头、鱼骨刺、鱼鳞、蟹壳、虾壳、毛发、指甲等放置在容器中，加入适量的发酵剂，并加入少量水，密封沤制一段时间后，即可作为基肥，也可以作为磷肥使用。

10.将霉蛀不能食用的豆类、花生米、瓜子、蓖麻，拣剩下来的菜叶、豆壳、瓜果皮或鸽粪及过期变质的奶粉等敲碎煮烂，放在坛子里加满水，密封起来发酵腐熟后，既可以作为基肥，也可以作为氮肥使用。

11.家里吃葱时，把剥下来的葱皮切成几段后泡入 40~45℃ 的热水中，浸泡一周后的葱皮汁就可以当作多肉植物的肥料使用了。

12.将平时吃剩的苹果核、削掉的水果皮、西红柿蒂等，用刀剁碎后直接埋入花盆内，可以使植物的花开得更鲜艳。

13.如果家中有养鱼的话，用鱼缸中换下的废水来浇灌多肉植物，可以增加土壤的养分，并促使植物的生长。

14.豆腐渣也是很好的肥料，其中含有蛋白质、多种维生素和碳水化合物等物质，非常利于植物的生长。可将豆腐渣装入缸中或坛中，加入清水后密封发酵，夏季约 10 天，春秋季约 20 天，发酵后用水稀释就可以用来给多肉施肥了。

15.变质的葡萄糖粉也是很好的好花肥，将变质葡萄糖粉捣碎与清水按 1:100 的比例混合，就可以给多肉植物施用了，效果很好。

16.取少量骨粉与草木灰放入缸或罐内，用 2.5 千克清水浸泡，加 1 千克菜叶或树叶、青草，经 20 ~ 30 天腐熟后，捞出渣滓即可作为多肉植物的肥料使用。

17.取碳铵 0.5 千克、氯化钾 0.15 千克、硫酸锌 0.025 千克、人粪尿 2.5 千克、牛粪尿 1 千克（或猪粪尿 5 千克），然后在上面铺一层 4 千克的红石骨子细粉，用木板拍紧后用稻草或薄膜盖封闭，经过 20~25 天的腐熟，就形成了氮磷复合肥。

18.施过有机肥的盆花放在室内会有腥臭味，如果浇入适量的醋液既能消除异味，又能给土壤杀菌消毒。

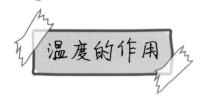
温度的作用

温度也是影响植物生长和状态的重要环节之一。

温度是影响多肉植物生长发育的重要因子，影响着多肉植物的内部发育和一切的生理成长过程，每一个多肉植物的生长过程都离不开温度的催化。

原产地在非洲的多肉植物在 12 ~ 28℃ 之间是最适宜生长的，高于或低于这个温度范围，多肉植物的生长都会受到影响。

每年的夏季和冬季都是多肉们生长最困难的时期。如果生活在北方，冬季的时候多肉植物还能吹到暖气，会好过一点，生活在南方的多肉没有暖气，空气潮湿，都是会严重影响多肉品相的。江南地区的天气经常是冷空气刚

适度的日照会使植物变得极具观赏性

合理温度下的植物

高温导致植物休眠

低温导致植物受冻害

过，暖气流又来，一年之中能够保持让多肉正常生长的气温也只有 4 个月左右的时间，其他时间不是太热就是太冷。温度达不到，多肉植物也会拒绝生长。

所以不论是夏季还是冬季，温度的作用一直在影响着多肉的生长。

低温对多肉植物的影响

温度低于 0℃ 时多肉植物就容易出现冻伤，因为 0℃ 是冰点，水在低于 0℃ 的情况下就会凝结变成冰。而多肉植物的茎和叶子主要部分就是水分，在气温低于 0℃ 的时候，多肉植物的内部就会结冰，在短时间内虽然不会死亡，但也会造成很严重的冻伤。当然，也有一部分多肉植物是比较抗冻的，特别是景天属和长生草属，最低能抵抗零下 15℃。景天属的大部分多肉植物，如薄雪万年草、垂盆草等，在国内很常见，并且常被用于园林绿化，如果冬季温度很低，地表的部分会死亡，但是来年春天又会长出新的叶片。而长生草属于高山植物，高山上夜间温度本来就低，所以在平地种植也是很抗寒的植物。其他的比较抗寒的多肉植物还有石莲花属，部分叶片较厚的多肉植物也能抵抗短时间的低温环境，不过抗寒的前提是根系与多肉植物的主干部分是非常健壮的。

在冬季低温的情况下，大家可能会把多肉植物搬回室内，北方地区都有暖气，室内的温度会达到 20℃ 以上，这就会导致多肉植物的徒长，这时就需要保持多肉植物在适当的低温环境内生长，但这不是说把多肉植物放在室外，而是放在玻璃房内，玻璃房的主要功能是挡风，因此为了保持一点适当的温度，可以适当地设置加暖设施，使温度保持在 5 ~ 15℃ 的范围内，以避免出现徒长，使其保持肥壮的美丽姿态。

高温对多肉植物的影响

夏季温度过高的情况下，大部分多肉植物会进入休眠状态，一般在超过 30℃ 的情况下多肉植物开始休眠，超过 35℃ 的情况下，多肉植物就会进入休眠状态，这时多肉植物就会停止吸收水分，自身也会停止生长，状态就会变得比较差，因此同样要停止浇水，因为过多的水分会使多肉植物腐烂。同时夏季要适当地遮阴，特别是那些对高温比较敏感的多肉植物，可以摆放在阴凉干爽的地方。

温差对多肉植物的影响

多肉植物之所以在热带地区的沙漠地带生长良好，不仅与当地的土壤有关，与当地的气候也是密不可分的。

沙漠地带的气候就像民谣里说的那样"早穿皮袄午穿纱，围着火炉吃西瓜"，早晚的温差比较大，昼夜的温差也比较大，这样的环境下长出的多肉颜色丰富，叶片肥厚，生长快速。

温差之所以能影响多肉的生长是因为大的温差可以改变多肉的养分积累和消耗的过程。

大家都知道植物生长的好坏，就是看植物体内积累的养分的多少。白天晒到太阳的时候，多肉植物身体内部通过光合作用开始制造养分，积累起来。

在多肉植物能够接受的温度范围内，温度越高，光合作用越强，自身制造的养分也就越多。等到了晚上，没有阳光，植物的生长还是在继续，蒸腾作用也在不停地进行着。但是可以制造养分的光合作用已经停止了，所以多肉植物会开始消耗白天积累的养分，温度越高，消耗的养分会越多。

如果夜晚的温度过高，消耗养分过多的话，多肉植物积累的养分会越来越少，若多肉身体内部没有养分积累，就会越长越难看，越长越没有靓丽的颜色。

多肉植物喜欢温差较大的环境就在于此，大的温差可以促使多肉植物的生长和养分的积累。但是，温差大的天气是指正常境况下的昼夜温度差，突然的天气变化并不能促进多肉植物的养分积累。

突然变化的气温不仅不能促生长，还会对多肉产生非常严重的影响。忽然变化的温度使得本来已经开始生长的多肉又遇到了冷空气，停止生长，这样大的温差只会打乱植物的生理秩序，发生各种无法预料的事故。

如果发生了低温之后，温度又开始上升的现象，就要更加注意多肉植物的状态了。突然升温的天气不会让多肉积累到更多的养分，本来已经休眠的多肉重新生长，身体里的养分突然之间消耗得特别快，养分没有了，多肉自然也会变得又小又难看。

如何制造温差

目前种植多肉植物的爱好者越来越多，大部分多肉的生长环境是在家里的阳台或者露台上。

与种在大棚里的多肉相比较，家里的多肉在温差方面享受到的待遇会差一点，因为大棚是使用塑料薄膜覆盖的，塑料薄膜是白天吸收太阳的热量来提高棚内的温度，晚上则与棚外的温度相差不大，利用塑料薄膜的特性来增加温差。

家里的阳台或者露台就没有这样的设施。但是可以通过对先有工具的改造来进行人工制造温差。

冬季保温的方法有很多，有的花友会想到在阳台上搭建一个简易的花棚或者使用整理箱来保温，只是这两种方法都有一定的局限，整理箱面积太小，如果多肉品种比较多就是杯水车薪了。

如果家里有花架，可以用大棚薄膜包起来，如果想要更好的效果，可以多包几层。这样的花架白天可以放在有阳光的地方，吸收太阳的光能和热能，大棚内的温度就会上升到 20℃左右。

就算夜晚的温度会降低，大棚里的温度也会高于室温，让多肉不仅可以安全地度过寒冷的冬季，还能增加冬季里的温差，促使多肉植物生长。

夏季里，有很多多肉品种会选择休眠，在下一个生长季节积聚能量和动力。夏季制造温差，只要保持温度就可以了。晚上降温可以利用喷雾向空气中喷水，水蒸发的时候会吸收周围的热量进行间接降温。

如果喷雾的效果不是很明显，还可以利用电风扇来进行降温。或者配合喷雾一起使用，喷过水之后再用风扇不停地吹，然后开窗通风。通过一系列的措施，至少可以降低 2℃的温度。

适当的温差能让多肉更绚丽多姿

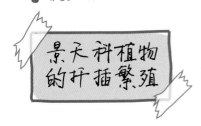

景天科植物的扦插繁殖

景天科景天属、莲花掌属、石莲花属等大部分都适合用扦插法繁殖。

景天科是多肉植物大家族中非常重要的一类，科内植物品种繁多，不仅肉质饱满、形态多样，而且耐寒耐旱、不易得病，因此受到了很多玩家的喜爱。景天科植物的繁殖以扦插最为常用。

扦插繁殖是指取植株营养器官的一部分，插入疏松润湿的土壤或细沙中，利用其再生能力，使之生根抽枝，成为新植株。按取用器官的不同，又有枝插、叶插、根插和芽插之分。下面我们以景天科植物胧月为例，介绍扦插繁殖的步骤。

🌱 所用植物

胧月

🏺 所需材料

盆器、铁丝网、剪刀、填土器、小铲子、洗耳球、浇水器

🌾 配土方案

垫底土：陶粒

培养土：园土 + 腐叶土 + 鹿沼土 =1:1:1

铺面石：赤玉土

> **小贴士：**
> 枝插在种植时要注意间距，间距太大容易歪倒，间距太小则不利于生长。判断枝插是否生根时无需将其连根拔起，只要观察是否长出新芽即可。

 选取一株健康、长势良好的多肉植物。选择一个合适的新容器。

 用剪刀将植物的枝条剪下。

 3 如果枝条上有病叶、枯叶，需要摘除。将枝插枝条的伤口晾干准备好。

4 在容器的底部垫一层铁丝网。用填土器将少量陶粒铺在铁丝网的上方。将事先配置好的混合土倒入容器中。

 5 用小铲子将植物的枝条栽入盆土中。在盆土表面覆盖一层赤玉土，用小铲子的背面将植物根部周围的土壤稍稍压紧。

 6 用洗耳球轻轻吹去植物表面的灰尘，用浇水器对植物进行适量地浇水，这样就完成了多肉植物的枝插繁殖。

　　也许有的玩家会对景天科植物扦插的深度提出疑问，到底是插得深好呢，还是插得浅好？如果我们用两根同样长度的枝条，并且取自同一株健康的植物，插入两个完全相同的容器中，配土也完全相同，而其中一个枝条插入 1/3 左右，另一个枝条插入 2/3 左右，经过几个星期后观察，你会发现，插入 1/3 位置的枝条，其根系生长得健康而强大，而插入 2/3 位置的枝条，虽然每个位置都长根了，但是并不强健。

　　因此，我们可以得知，景天科植物的扦插繁殖，并不是插得越深越好，无论深浅，都能成活。而插得较浅的可能会长得更好，因为景天科植物不需要有过深的根系去吸取土壤底层的水分，反而浅层的根系可以帮它们捕抓土壤表层最轻量的水分。所以，在对景天科植物进行扦插繁殖时，建议扦插的深度不需要过深。

生石花的播种繁殖

番杏科生石花类植物一般采用播种法繁殖。

生石花，是多肉植物中颇为奇特的一类，不仅奇异的石头姿态和鲜艳的小花都极具观赏价值，此外生石花的播种繁殖，也是一个奇妙的过程。

播种前的准备

1. 准备种子：如果你买的是种子就无需准备了，如果是种荚，则需要将其浸泡在清水中，当种荚慢慢泡开后，用镊子夹住种荚轻轻晃动，使种子散落在水中，然后将种荚取出，将清水连同种子倒在吸水纸上，等水干了以后就得到了纯净度很高的种子。

2. 准备基质：生石花播种常用的介质包括赤玉土、鹿沼土、草炭、河沙、煤渣等，需要注意的是，由于生石花的种子细小，因此基质在使用前要经过筛分，去掉粉末和较大的颗粒，留下 1 毫米左右的基质播种用。

3. 消毒：播种前，种子和基质都要进行消毒，消毒的方法可分为物理方法和化学方法。物理方法包括清洗、暴晒、高温、高压等；化学方法就是使用化学药剂消毒，主要是杀虫剂、杀菌剂。暴晒和药物处理比较方便使用。

播种过程

1. 播种时间：只要温度适宜，生石花四季都可以播种，但以春、秋为宜，秋季最好。

2. 配土：先在容器底部垫一层铁丝网，再放入一些大颗粒，防止积水，然后倒入备好的基质，高度与花盆上沿保留 1 厘米的距离为宜，配土完成后用小铲子的背面将土壤稍稍压紧一些，最后浇一次透水，放在一旁备用。

3.播种：生石花的种子细小，一般都是撒播。撒的时候要尽量均匀，不要让种子扎堆，否则过多幼苗密集，会影响通风透光，还会互相争夺水肥，出现生长不一致、大小分化、畸形的情况，甚至死掉。但也不能太少，否则会使基质干湿循环慢，容易导致烂根。播种完成后在表面薄薄地撒上一层蛭石或河沙，目的是防止幼苗出土后倒伏，并有效地防止苔藓和绿藻的滋生。最后再喷一次水，在盆口盖上玻璃或薄膜，放在22~26℃的地方，等待发芽。

播种成功的生石花

生长旺盛的生石花

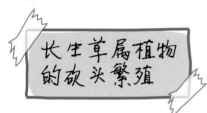

长生草属植物的砍头繁殖

长生草属的植物一般可采用砍头的繁殖方法。

砍头步骤

1.砍头前一周左右开始给植物断水，并且不要让植物接受雨淋。因为过多的水分会使植物在砍头过程中出现伤口感染的情况。

2.用手将植物上部的一小圈叶子轻轻摘掉，并用刻刀切掉叶中心部，并清理周围的杂质，避免造成感染。

3.用小刀将植物上的伤口小心地切平，注意不要弄伤周围的叶片。

4.最后保持伤口干燥，放置在通风良好的散射光环境中养护，等待伤口的愈合。注意不要接受雨淋，在温度适宜的条件下通常一周左右就可出芽。

注意事项

1.长生草属植物的砍头时间最好选在春、秋天，因为此时的温度适宜，繁殖成功率高，而炎热的夏季非常容易造成伤口的黑腐，寒冷的冬季则会延缓植物的出芽速度。此外，温度过低的话还可能使植物受冻害甚至死亡。

2.长生草属植物在砍头后一定要放在散射光环境下或者半阴的环境下养护，因为过晒容易造成细菌感染、晒伤等情况。

3.长生草属植物在砍头后至长出新芽前不宜浇水，因为较少的水分也会减少植物发病的可能性。

4.长生草属植物的砍头繁殖和花卉绿植中的摘心修剪原理相同，都是为了打破顶端优势，让更多侧芽生长，促进开更多花或者帮助侧芽更好地生长。

5.除了长生草属之外，还有很多多肉植物可以用砍头的方法繁殖，这里就不一一列举了，有兴趣的玩家可以分别尝试。

第四章

拒绝失败，
多肉植物养护图鉴

玉扇

百合科十二卷属

玉扇为百合科十二卷属多肉植物，又叫截形十二卷，原产于南非，是一种长方形厚叶多肉植物。玉扇的形态很奇特，淡蓝灰色的长圆形叶片排列成两列，表面较为粗糙，有小疣状突起，有些叶片截面上有灰白色透明状花纹的品种更为美丽。花为总状花序，白色呈筒状。

🖊 **温度** 19~22℃最适宜生长，冬季温度不低于10℃。

☀ **光照** 春、秋两季生长期需要明亮、充足的光照来保持叶片的美观。

✎ **施肥** 春、秋两季每月施一次稀释饼肥水。

🖌 **浇水** 春、秋两季生长期适量浇水，保持盆土湿润；夏季高温期处于半休眠状态时，盆土宜干燥；冬季低温期严格控制浇水。

▽ **栽植** 栽培基质可用营养土、粗沙等的混合土壤加入些许骨粉配制。

🪴 **繁殖** 玉扇繁殖方式多种多样，分株、叶插、根插、播种皆可。每年春季要进行换盆。

玉扇锦

玉扇发达的根系

变色玉扇

新玉缀

景天科景天属

新玉缀又名新玉串、维州景天，为景天科景天属多肉植物，原产于墨西哥。植株匍匐生长，叶片不弯曲，顶端钝圆，形似米粒，叶色淡绿，表面披一层白霜，花星状，花期夏季。

温度 适宜生长温度为 15 ~ 23℃，冬季在5℃以上。

光照 喜光照，可充分接受光照。

施肥 耐贫瘠，生长期间每月施肥一次，注意控制氮肥用量。

浇水 平时可以待泥土开始干燥时才浇一些水，每隔一个月左右要浇透水一次，以花盆底孔开始滴水为准。

栽植 栽培基质可以用 1:1 的粗沙和培养土混合。

繁殖 新玉缀繁殖多用叶插法繁殖。

福娘

景天科银波锦属

福娘又名丁氏轮回，景天科银波锦属，属于肉质灌木，叶片尖细狭长呈棒形，叶对生开黄红花，叶尖叶缘有暗红或褐红色。在夏末至秋季开花，管状，花色红色或淡黄红色。

✎ **温度** 生长适温为 15 ~ 25℃，冬季温度不低于 5℃。

☀ **光照** 较喜光照，在光照充足、通风的环境中生长得最好。

✍ **施肥** 较喜肥，生长期每个月施肥一次。

💧 **浇水** 春、秋两季生长期适量浇水，保持盆土湿润，冬季低温期严格控制浇水。

🪴 **栽植** 栽培基质一般可用泥炭、蛭石和珍珠岩的混合土。

🪴 **繁殖** 福娘一般使用扦插繁殖，但是不适宜进行叶插。

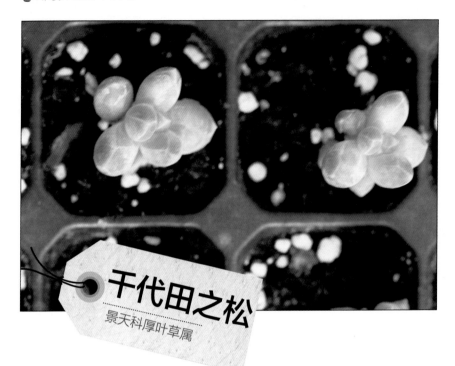

千代田之松

景天科厚叶草属

千代田之松属景天科厚叶草属植物，多年生肉质草本，原产于墨西哥。千代田之松叶为圆柱形，略扁，叶互生，由淡绿至灰白色，圆润，但尖端部分略有棱。有一特点是，叶片上自带纹路，是非常少有的叶片带纹路的多肉植物。

✎ **温度** 喜凉爽，生长适温为 18~25℃。不耐寒，冬季温度不宜低于 10℃。

☀ **光照** 千代田之松喜温暖干燥和阳光充足的环境，也耐半阴。

🔅 **施肥** 控制肥水，防止徒长。

💧 **浇水** 耐干旱，不耐水湿，浇水要节制，防止积水引起烂根的情况。

⊽ **栽植** 栽培基质可用泥炭混合珍珠岩加煤渣，大概比例 1:1:1。

🪴 **繁殖** 叶插与扦插均可，叶插容易群生，比较容易繁殖。

火祭

景天科青锁龙属

火祭，又名秋火莲，景天科青锁龙属，多年生匍匐性肉质草本植物。植株丛生，排列紧密，株高20厘米，株幅15厘米，茎圆柱形，淡红色。叶片对生，灰绿色，夏季强光下叶片会由灰绿色变成红色。花期秋季，开白色花朵。

温度 生长适温 18 ~ 25℃，冬季温度宜保持在 5℃以上。

光照 喜柔和的阳光，也耐半阴。夏季高温期注意遮阴。

施肥 较喜肥，生长期间每个月进行一次施肥即可。

浇水 10 天左右一次，每次浇透即可。

栽植 栽培基质可用腐叶土、沙土和园土各一份进行组合配制。

繁殖 火祭的繁殖以扦插为主。也可播种、分株繁殖。

桃美人

景天科厚叶草属

桃美人为景天科厚叶草属，原产于墨西哥。桃美人单株叶会有12~20片，呈倒卵形互生，延长莲座状，叶面光滑，颜色红润，前端平滑钝圆。花期夏季，开红色小花。

✎ **温度** 喜温暖的环境，生长适温为18~25℃，冬季不宜低于0℃。

☼ **光照** 能接受较强烈的日照，但夏季高温也要适当注意遮阴。

🖋 **施肥** 家中种植，一年施一次肥即可。

💧 **浇水** 春秋两季为生长期，应充分浇水；夏季湿热的环境下要注意控制浇水频率。

▭ **栽植** 栽培基质可用泥炭混合珍珠岩加煤渣，大概比例1:1:1。

▯ **繁殖** 可采用枝干扦插、叶插和播种的方式繁殖。

姬胧月

景天科风车草属

姬胧月为景天科风车草属多年生肉质草本植物，原产于墨西哥。姬胧月的株形与石莲花属的植物很相似，叶片呈瓜子形，排列成延长的莲座状。叶色一般为绿色，日照充足的情况下会变成红色，小花星状，黄色。

温度 喜温暖的环境，冬季温度需保持0℃以上。

光照 喜阳光充足的环境，春秋两季给予充足的光照，夏季避免强光直射。

施肥 生长季节每20天左右施一次腐熟的稀薄液肥或低氮高磷钾的复合肥。

浇水 浇水掌握"不干不浇，浇则浇透"的原则，浇水时不要浇在叶面中心，忌雨淋，忌积水。

栽植 栽培基质可用疏松、肥沃、排水性良好的沙质土壤。

繁殖 叶插和扦插都很容易。

青星美人
景天科厚叶草属

青星美人，为景天科厚叶草属多肉植物，原产墨西哥。植株有短茎，叶片肥厚，叶片匙形呈环状排列，有叶尖，叶缘圆弧状，叶片由草绿色至墨绿色。青星美人开花时丛中抽生出长长的花梗，花朵串状排列，花开五瓣，开红色小花。

温度 喜温暖，在冬季温暖、夏季冷凉的气候条件下生长良好。

光照 喜光照充足的环境，可全日照养护。夏天的时候通风遮阴，防止烈日暴晒。

施肥 适当施肥，肥水过多会引起植株徒长。

浇水 浇水应干透才浇透，不干不浇水。夏季少量在盆边慢慢浇水，冬季适当保持盆土干燥。

栽植 栽培基质可用泥炭混合珍珠岩加煤渣，大概比例 1 : 1 : 1。

繁殖 青星美人的繁殖方法主要有播种和分株、砍头、叶插。

黄丽

景天科景天属

黄丽，又名金景天，景天科景天属，多年生肉质草本植物，植株具短茎，肉质叶，排列紧密，呈莲座状、叶片匙形。顶端有小尖头，叶片松散。表面呈黄绿色或金黄色偏红，长期生长于阴凉处时叶片呈绿色。

温度 生长适温为 15 ~ 18℃，夏季温度高于 30℃，冬季温度低于 5℃，黄丽会缓缓进入休眠。

光照 喜光，夏季避免强光直射。

施肥 生长期每 3 周施一次稀释的仙人掌液体肥。

浇水 在盆土全部干燥或干透后再浇透水，浇水时要防止积水。

栽植 栽培基质可选择泥炭土、培养土和粗沙的混合土，比例 1:1:1。

繁殖 黄丽的繁殖主要选择植株的叶子或侧芽进行扦插。

特玉莲

景天科石莲花属

特玉莲为景天科石莲花属，又名特叶玉蝶，原产于墨西哥。特玉莲叶片非常有意思，总体呈莲座状排列，其上被厚厚的一层白粉，叶基部为扭曲的匙形，两侧边缘向外弯曲，叶色为蓝绿色。花呈亮红橙色，非常鲜艳。

温度 生长适温 16 ~ 19℃，越冬温度不得低于 5℃。

光照 喜光照，也耐半阴环境，夏季高温时，要注意遮阴保护。

施肥 较喜肥，生长期每月一次。

浇水 10 天左右浇水一次，每次浇透即可，切忌浇水过多。

栽植 栽培基质可选取泥炭土、蛭石、珍珠岩按 1:1:1 比例混合配制。

繁殖 繁殖方式包括扦插、分株，扦插分叶插和插穗。

观音莲

景天科长生草属

观音莲又名长生草、观音座莲，为景天科长生草属，原产欧洲。植株株形端庄，叶片长匙形，先端急尖，叶缘长有细小的绒毛。叶片的颜色种类很多，充足光照下叶尖会呈紫色或咖啡色。

温度 生长适温为 20~30℃。

光照 喜半阴的环境。

施肥 每 20 天左右施一次腐熟的稀薄液肥或低氮高磷钾的复合肥。

浇水 遵照"不干不浇，浇则浇透"原则，避免长期积水，以免烂根。

栽植 盆土要求疏松肥沃，具有良好的排水透气性。

繁殖 观音莲繁殖方式有扦插、分株。

大和锦

景天科石莲花属

大和锦为景天科石莲花属，又叫三角莲座草，原产于墨西哥，多年生肉质草本植物。大和锦叶片呈广卵形或散三角卵形，背面突起呈龙骨状，灰绿色的叶片上夹杂着红褐色的斑纹。花序颇高，花朵以红色为主，上部还略带黄色。

温度 生长适温为 18~25℃，冬季能耐 5℃低温。

光照 喜明亮光照，也耐半阴。

施肥 较喜肥，生长期每月施肥一次。

浇水 春、秋、冬三季对水分需求量较大，可以在土壤快干时浇水，一次性浇透；夏季要注意节制浇水，且不能长期雨淋，以免植株腐烂。

栽植 栽培基质可选择泥炭土和颗粒土以 1:1 的比例进行配制。

繁殖 一般使用枝插或叶插进行繁殖。

黑王子

景天科石莲花属

黑王子为景天科石莲花属多肉植物，原产于墨西哥和中美洲地区，为石莲花属的栽培变种。黑王子的植株茎很短，叶片独特的黑紫色和匙形的外观使之更具有观赏性，很像黑色的莲花，给人一种很新奇的感觉。

温度 适宜生长温度为 16~19℃，能耐 3~5℃的低温。

光照 喜光照，要给予充足光照，夏季高温会短暂休眠。

施肥 较喜肥，生长期间每月施一次腐熟的稀薄液肥或复合肥。

浇水 10 天左右浇水一次，切忌浇水过多。

栽植 栽培基质可用粗沙或蛭石、腐叶土、园土按 2:1:1 比例混合。

繁殖 繁殖可切顶催生蘖芽、叶插繁殖等多种方法。

江户紫

景天科伽蓝菜属

江户紫为景天科伽蓝菜属，原产于非洲。江户紫株高、株幅均在40厘米左右，植株呈灌木状，叶片肉质，呈倒卵形，交互对生，叶缘有不规则的波状齿。根据受光程度颜色为蓝灰至灰绿色，表面会有红褐至紫褐色斑点或晕纹。

温度 生长适温 18~23℃，越冬温度不得低于 10℃。

光照 喜温暖干燥和阳光充足的环境，不耐寒，注意避免强光暴晒。

施肥 较喜肥，每月施一次腐熟的稀薄液肥。

浇水 春、秋季节是江户紫生长旺盛期，需保持土壤湿润但不能积水，冬季节制浇水。

栽植 栽培基质可用腐叶土 2 份、园土 1 份、粗沙或蛭石 2 份再，加少量腐熟的骨粉混匀后使用。

繁殖 江户紫主要通过扦插进行繁殖。

江户紫斑锦品种

花月夜

景天科石莲花属

花月夜是个唯美而诗意的名字。翡翠一般清丽剔透的植株如同一朵盛开的睡莲，静静地沉睡在眼前。如果昼夜温差大或者光照过于强烈，叶色会变深且叶缘会泛出紫红。而叶子表面的白粉，则使叶子的触感变得光滑而细腻。

温度 生长适温为 18~25℃，冬季温度不低于 5℃。

光照 喜阳光充足的环境，也耐半阴。夏季适当遮阴。

施肥 较喜肥，生长期每月施肥一次。

浇水 生长期间可以充分浇水，冬季要进行断水。

栽植 栽培基质可选择泥炭、蛭石、煤渣、珍珠岩以 3:1:2:1 的比例混合。

繁殖 扦插与叶插皆可。

吉娃莲

景天科石莲花属

吉娃莲为景天科石莲花属，又叫吉娃娃，原产于墨西哥。吉娃莲属于小型植株，在石莲花属中是比较小巧玲珑的品种。蓝绿色的卵形厚叶带有小尖，叶面披着白粉，叶边缘常会变成亮丽的深粉红色，还会开出美丽的红色钟形小花。

✎ **温度** 生长适温 16 ～ 19℃，越冬温度不得低于 5℃。

☼ **光照** 夏季温度高于 30℃ 时，要放置在通风明亮无直射光处，夏季结束后，要逐渐增加光照。

✎ **施肥** 较喜肥，生长期每月一次，休眠期尽量不要施肥。

☷ **浇水** 夏季不宜过多浇水。

▭ **栽植** 配土要多透气疏水，用泥炭土加珍珠加锆石进行配土。

☐ **繁殖** 以叶插和扦插为主，叶插是比较普遍的繁殖方式。

黑法师

景天科莲花掌属

黑法师为景天科莲花掌属，其外形特殊，叶色美观，极具观赏价值，其叶片聚合而成的花形，非常美丽，莲花形状的黑法师美丽不乏庄严，你会发现黑紫色竟然如此耀眼。

温度 18~25℃的温度比较适宜，冬季能耐 3~5℃的低温。

光照 喜光照。夏季不宜强光暴晒，需适当遮阴。

施肥 喜肥。生长期间每月施肥一次。

浇水 节制浇水，可放在通风良好处养护，避免长期雨淋。

栽植 栽培基质可用粗沙或蛭石腐叶土园土以 2:1 的比例混匀。

繁殖 可在早春季节剪下莲座叶盘进行扦插繁殖。

八千代

景天科景天属

八千代为景天科景天属矮性肉质灌木，原产墨西哥。高20~30厘米，叶片簇生于分枝顶部，分布松散，圆柱形，表面平整光滑，向上内弯，顶端较基部稍细，叶色灰绿或浅蓝绿色。

温度 生长适温 15~25℃，冬季最低温度不要低于 3℃。

光照 可放在室外阳光充足处或室内光线明亮处养护。

施肥 较喜肥，生长期每个月施肥一次。

浇水 春、秋两季生长期浇水不宜过多，见干见湿，夏季减少浇水。

栽植 栽培基质一般可用泥炭土、珍珠岩、蛭石混合。

繁殖 八千代一般使用扦插繁殖。

御所锦

景天科天锦章属

御所锦，为景天科天锦章属，原产于南非。叶片圆形，表面是绿色，上面会布满褐红色斑点，斑点大小不一，颜色深浅也会根据阳光、季节的变化而变化，若是长期遮阴光线不足，会引起斑点模糊。开白色小花，或会带红晕。

温度 生长适温 13 ~ 21℃，冬季温度保持 5℃以上。

光照 喜光照，盛夏高温期移至半阴位置。

施肥 较喜肥，生长期每月施肥一次。

浇水 生长期遵循"干透浇透"的浇水原则，其他时间少浇水。

栽植 栽培基质可用腐叶土、蛭石、粗沙或珍珠岩的混合土，加少量草木灰和骨粉。

繁殖 可用叶片进行扦插繁殖。

筒叶花月

景天科青锁龙属

筒叶花月为景天科青锁龙属，是花月的栽培品种，小型肉质灌木，茎粗壮。株高1~2米，株幅0.5~1米。表皮呈黄褐色和灰褐色，叶互生，叶片圆筒形，有光泽的绿色，叶缘有时会有红晕。

温度 生长适温18~25℃，不耐寒，冬季温度不低于5℃。

光照 喜光，除盛夏高温期外都要接受充足光照。

施肥 较喜肥，生长旺盛期每月施一次肥。

浇水 生长期可以充分浇水，休眠期要少给水，或不给水。

栽植 栽培基质可选择腐叶土、草炭土等pH为酸性的培养土皆可。

繁殖 筒叶花月的繁殖方式以叶插和枝插为主。

女雏

景天科石莲花属

女雏为景天科石莲花属，整株植物的外形气质，像一朵纯洁绿色的莲花，叶子的边缘泛着淡淡的红色，与碧绿的叶片相间，像是小姑娘穿着红色的裙子。吊钟一样的黄色小花点缀在小小的植株上，不由地让人喜爱。

温度 生长适温 16 ~ 20℃，冬季温度不低于5℃。

光照 喜光照，也耐半阴，夏季要注意适当遮阴。

施肥 较喜肥，生长期每月施肥一次。

浇水 平时等到盆土快干燥时进行浇水，夏季注意控水。

栽植 栽培基质可用泥炭土、蛭石、珍珠岩各一份并添加少量草木灰和骨粉。

繁殖 可选择扦插或叶插进行繁殖。

清盛锦
景天科莲花掌属

清盛锦，别名艳日晖、灿烂等，为景天科莲花掌属多年生常绿肉质植物。叶肉质，倒卵形，莲座状排列，叶缘有锯齿。红色、新生叶呈杏黄色，后转变呈黄绿色至绿色。花生于莲座叶丛中心，白色，花期在初夏。

温度 生长适温 15～25℃，冬季室温不宜低于5℃。

光照 喜光照，光照时间长或温差大时，颜色会有差异。

施肥 生长期每半个月左右施一次腐熟的稀薄液肥。

浇水 春秋季生长期，要充分浇水，保持盆土湿润，忌积水。天气干燥时多喷雾。

栽植 栽培基质可选择泥炭土、蛭石、珍珠岩各一份混合。

繁殖 主要方式是扦插或叶插。

白凤

景天科石莲花属

白凤为景天科石莲花属多肉植物，是霜之鹤与雪莲杂交育出的多年生草本植物。白凤的体形比较庞大，全株都披有白粉，叶片呈翠绿色，冬季叶缘会逐渐变红。能开花，花朵较小，花为钟形，橘色。

温度 生长适温 15 ~ 23℃，越冬温度不得低于 0℃。

光照 除夏季适当遮阴外，其他时间充分接受光照。

施肥 生长期每 20 天施肥一次。

浇水 耐干旱。春季、夏季、秋季适量浇水，冬季减少浇水。

栽植 栽培基质宜用排水、透气性良好的沙质土壤。

繁殖 主要有扦插、分株，扦插分叶插和枝干扦插。

白牡丹
景天科莲花掌属

白牡丹是风车草属的胧月与石莲花属的静夜杂交培育出来的，茎叶多肉化，全株有白粉，叶互生，排列成莲座形，叶片倒卵形，前端稍尖。叶色灰白至灰绿，叶尖在阳光下会出现轻微的粉红色。

温度 生长适温 13 ~ 18℃，冬季温度不低于 5℃。

光照 春天和秋天是生长期，可以全日照。夏天轻微休眠，注意通风遮阳。

施肥 控制肥水，防止徒长。

浇水 炎热夏季每个月浇 4~5 次水，不浇透，以维持植株的正常生长就可以。夏季水太多容易腐烂，冬天温度低于 5℃ 就要逐渐断水。

栽植 栽培基质宜用排水、透气性良好的沙质土壤。

繁殖 常用扦插法。

虹之玉

景天科景天属

虹之玉，别名耳坠草，为景天科景天属，多年生肉质草本植物，原产地是墨西哥。株高10~20厘米，多分枝。叶互生，圆筒形至卵形，长2厘米，呈绿色，表皮光亮，在阳光充足的条件下转为红褐色，小花淡黄红色。

✎ **温度** 生长适温 10 ~ 28℃，冬季室温不宜低于 5℃。

☼ **光照** 喜光照，生长期接受充分光照，夏季移至散光照射处。

◈ **施肥** 较喜肥，生长期每月施肥一次。

✂ **浇水** 生长期浇水遵循"见干浇透"的原则，保持盆土稍湿润，春秋季可每两周浇水一次，冬季减少浇水次数和浇水量。

▭ **栽植** 栽培基质可用泥炭土、珍珠岩、蛭石等比例混合配制。

▽ **繁殖** 虹之玉的繁殖方式以叶插为主。

虹之玉徒长

虹之玉变色

虹之玉群生

紫珍珠

景天科石莲花属

紫珍珠为景天科石莲花属多肉植物，又名纽伦堡紫珍珠。叶片呈莲座状排列，叶色一般为深绿色或灰绿色，光照充足且有较大温差的环境下会变为紫色，叶缘为白色。夏末秋初从叶片中长出花茎，花朵橘色略带紫色。

✎ **温度** 生长适温 15 ~ 25℃，冬季温度在 5℃ 以下时停止生长。

☀ **光照** 喜阳光充足的环境，也耐半阴，生长期给予充足光照，夏季适当遮阴。

🖋 **施肥** 施肥不宜过多，可每月施一次以磷钾为主的薄肥。

💧 **浇水** 耐干旱，切忌浇水过多，最好选用底部带排水孔的盆器，10 天左右浇水一次。

▽ **栽植** 栽培基质可用腐叶土、沙土和园土等比例混合。

🌱 **繁殖** 可选择叶插进行繁殖。

丽娜莲

景天科石莲花属

丽娜莲为景天科石莲花属多年生肉质植物，原产于墨西哥地区。株高5~6厘米，株幅10~25厘米。叶片卵圆形，叶顶端有尖头，叶片中间向内凹，叶片边缘呈粉红色尖尖。丽娜莲有石莲花属中女王之称。

温度 生长适温 15 ~ 25℃，冬季室温不宜低于 5℃。

光照 喜光照，可全日照养护，但夏季避免阳光直射，需适当遮阴。

施肥 肥料适当，生长期每季施肥一次。

浇水 春秋生长季干透浇透，夏冬季适当减少浇水。

栽植 栽培基质宜用排水、透气性良好的沙质土壤。

繁殖 丽娜莲的繁殖有叶插或砍头两种。

露娜莲

景天科石莲花属

露娜莲为景天科石莲花属多年生肉质植物。露娜莲为丽娜莲和静夜的混种，株高5~7厘米，株幅8~10厘米。浅灰色的叶子时而呈现蓝色，有时又会变成绿色，还可能呈现粉紫色，色彩层次分明，十分美丽。

温度 生长适温 15 ~ 23℃，5℃左右时应考虑将植物移入保温的阳光房内。

光照 喜明亮光照，除盛夏需注意遮阴外，其他季节都可全日照。

施肥 较喜肥，生长期每月施肥一次，施肥时不要沾到叶片，施肥过多，亦会引起徒长。

浇水 耐干旱，生长期以干燥环境为好，盆土应少浇水，可向叶面多喷水。

栽植 栽培基质宜用排水、透气性良好的沙质土壤。

繁殖 以叶插和扦插为主。也可播种繁殖。

霜之朝
景天科石莲花属

霜之朝为景天科石莲花属多肉植物，原产于墨西哥。植株高8~12厘米，株幅12~15厘米。叶片厚实，颜色非常微妙，仿佛在上面撒上金粉一般，在阳光照耀下，格外漂亮。

温度 生长适温 18 ~ 23℃，冬季温度不宜低于 5℃。

光照 喜光、喜温暖，保证阳光充足，但不耐烈日暴晒。

施肥 较喜肥，生长期一般每 20 天施肥一次即可。

浇水 生长期浇水以干透浇透为原则，空气干燥时可向植株周围洒水。

栽植 栽培基质可用腐叶土 3 份、河沙 3 份、园土 1 份、炉渣 1 份混合配制。

繁殖 可用切顶催生蘖芽、叶插等多种方法。

山地玫瑰

景天科莲花掌属

山地玫瑰为景天科莲花掌属，叶片肉质，呈莲座状排列，叶色有灰绿、蓝绿或翠绿等颜色。其花期从晚春至初夏，花朵黄色，因其休眠期为躲避强光，外围叶子老化枯萎，而中心部分的叶片包裹在一起，株形酷似含苞欲放的玫瑰花。

温度　生长适温 16 ~ 19℃，越冬温度不得低于 5℃。

光照　喜阳光充足的环境，也耐半阴。

施肥　对施肥与否要求不严，一般在土壤中放些颗粒缓释肥就能满足其生长需要。

浇水　生长期为秋季至晚春，始终保持盆土微湿状态。要避免雨淋，以免因闷热潮湿引起植株腐烂。

栽植　盆土要求疏松、透气，具有一定的颗粒性。

繁殖　繁殖可用扦插法。

静夜

景天科石莲花属

静夜为景天科石莲花属，原产于墨西哥，植株较矮小，易群生，叶片倒卵形，被白粉，呈莲座状排列，色泽鲜亮，浅绿色的肉质叶上点缀着一个个红色的尖。总状花序，花钟状，黄色。

温度 生长适温 18~25℃，越冬温度不低于 5℃。

光照 喜光照充足的环境，夏日避免强烈阳光直射。

施肥 生长期每20天左右施一次肥。

浇水 生长期浇水见干见湿，叶面不能积水，夏季要控制浇水，冬季温度在5℃以下时断水。

栽植 盆土要求疏松肥沃，具有良好的排水透气性。

繁殖 叶插与扦插都可以，叶插较容易。

粉红台阁

景天科石莲花属

粉红台阁为景天科石莲花属多年生肉质植物。粉红台阁叶片呈扇形，略扁平，叶片顶端有小尖，灰绿色，总体呈莲座状排列，开粉红色的小花朵。当然，若阳光充足的话，叶片会由绿转为粉红色的。

✎ **温度** 生长适温 18 ~ 25℃，冬季温度不低于5℃。

☀ **光照** 喜欢充足光照的环境，夏季避免暴晒即可。

✍ **施肥** 生长期可每季度施肥一次。

💧 **浇水** 夏季休眠期停止浇水，九月中旬温度下降时恢复浇水，冬季微微于根部喷水。

▭ **栽植** 栽培基质宜用排水、透气性良好的沙质土壤。

🪴 **繁殖** 多用扦插法。

卷绢
景天科长生草属

卷绢，又名蛛网长生草，多年生肉质植物，原产于欧洲的高山地区，主要分布在法国、西班牙、意大利。植株呈莲座状，株形较小，叶色绿中带红，叶尖披有白毛，呈倒卵状。能开粉红色花朵，花期在夏季。

温度　喜凉爽，较耐寒，生长适温为13～18℃。

光照　喜半阴，春秋季不要接受强光直射，夏季适当遮阴，冬季宜将植物摆放在室内光线明亮处。

施肥　春秋生长季可每月施肥一次，肥料可选择腐熟的稀释液肥。

浇水　春秋生长期每15天浇水一次，保持盆土稍湿润，夏冬季节减少浇水，保持盆土干燥。

栽植　栽培基质宜用排水良好的沙壤土。

繁殖　繁殖用播种或分株法。

茜之塔

景天科青锁龙属

茜之塔，又名绿塔，多年生肉质草本植物，原产于南非。株高仅5~8厘米，株幅8~12厘米。叶片对生，密集排列成四列，叶片心形或长三角形，基部大，逐渐变小，顶端最小，顶端接近尖形。深绿色，冬季温差大，阳光充足下会呈橙红色。

✎ **温度** 生长适温 15 ~ 18℃，越冬温度不得低于 5℃。

☼ **光照** 全日照，冬季要放在室内阳光充足的地方养护。

✎ **施肥** 较喜肥，每半个月施一次腐熟的稀薄液肥。

◇ **浇水** 无需过多浇水，保持盆土稍干燥。

▢ **栽植** 栽培基质可用园土、粗沙或蛭石各两份，腐叶土一份混匀后配制，再加入少量骨粉。

▢ **繁殖** 可结合春季换盆进行分株繁殖。

钱串

景天科青锁龙属

又名舞乙女，为景天科青锁龙属多年生肉质植物。植株丛生，株高20~30厘米，株幅10~12厘米，一般盆栽可控制在20厘米左右。叶片卵圆形状，可从灰绿色变至浅绿色，叶缘稍具红色。

温度 喜凉爽的环境，生长适温15 ~ 18℃。

光照 喜光照充足的环境，夏季要避免阳光暴晒。

施肥 每15天左右施一次腐熟的稀薄液肥。

浇水 保持盆土稍湿润，但要避免积水，否则会造成植株根、基部腐烂。

栽植 栽培基质宜选用腐叶土、园土、粗沙或蛭石混合配制。

繁殖 可在9月至翌年5月的生长季节进行扦插，多用茎插或叶插。

月兔耳

景天科伽蓝菜属

月兔耳，别名褐斑伽蓝，为景天科伽蓝菜属多年生多肉植物，原产于马达加斯加。月兔耳株幅在20厘米左右，叶片奇特，长圆形，肥厚似兔耳，叶缘锯齿状，生褐色斑纹。

温度　生长适温 16 ~ 19℃，夏季高温时，进入休眠期，越冬温度不得低于10℃。

光照　喜阳光充足环境，夏季高温应适当遮阴。

施肥　较喜肥，生长期每月一次，休眠期停止施肥。

浇水　夏季高温休眠期减少浇水，防止因盆土过度潮湿引起根部腐烂。生长期正常给水。

栽植　栽培基质可用煤渣、泥炭土、珍珠岩按 6:3:1 的比例混合配制。

繁殖　以扦插繁殖为主。

黑兔耳
景天科伽蓝菜属

黑兔耳，又名巧克力兔耳，为景天科伽蓝菜属，原产于墨西哥。黑兔耳株高80厘米，株幅20厘米，叶灰白色，上面分布有褐色斑点，就像抹上一层巧克力外衣，且叶片毛绒绒，小萌物一枚。

温度 喜凉爽，生长适温13~18℃，冬季能耐2℃的低温。

光照 喜阳光充足的环境，也耐半阴，光照不足植株容易徒长，颜色也会变淡。

施肥 对肥料要求并不高，生长期适当施肥即可。

浇水 喜干燥怕积水，忌闷热潮湿。夏季高温减少浇水，防止盆土潮湿引起根部腐烂。

栽植 栽培基质可用煤渣、泥炭土、珍珠岩按6:3:1的比例混合配制。

繁殖 一般使用扦插繁殖。

千兔耳

景天科伽蓝菜属

千兔耳，为景天科伽蓝菜属，原产于非洲马达加斯加岛。千兔耳株高20~30厘米，株幅20~30厘米，叶片整齐对生，肉质，呈青绿色，叶缘有锯齿，形似枫叶，只是厚厚的还多一层绒毛覆盖，更给人可爱感。会开花，花朵为白色。

✎ **温度** 生长适温 15 ~ 23℃，夏季仍然生长，冬季休眠。

☀ **光照** 喜日照，平常可以全日照，夏季轻微遮蔽，缺少日照叶片会慢慢往下塌。

✿ **施肥** 对肥料要求并不高，生长期适当施肥即可。

☔ **浇水** 对水分要求稍多，夏天可以常浇水，但浇水量不可过多。

🏷 **栽植** 栽培基质可用煤渣、泥炭土、珍珠岩按 6:3:1 的比例混合配制。

🪴 **繁殖** 可用叶片进行扦插繁殖。

宽叶不死鸟

景天科伽蓝菜属

宽叶不死鸟，又名大叶落地生根，为景天科伽蓝菜属多年生肉质草本植物，原产于非洲马达加斯加。植株茎直立，褐色，叶片交互对生，肥厚多汁，长三角形或卵形，叶缘有锯齿。复聚伞花序，花钟形、橙色。

温度 生长适温 16 ~ 19℃，越冬温度不得低于 10℃。

光照 喜温暖湿润、阳光充足的环境，也耐半阴。

施肥 较喜肥，生长期每月施肥一次。

浇水 耐干旱，生长期保持盆土稍湿润，夏季适当喷雾降温，冬季少浇水。

栽植 栽培基质一般用腐叶土和粗沙的混合土。

繁殖 常用扦插、不定芽和播种繁殖。

唐印

景天科伽蓝菜属

唐印，为景天科伽蓝菜属多年生肉质草本植物，原产于南非。唐印的茎部相对比较粗壮，灰白色，叶对生，叶片倒卵形。叶色淡绿或黄绿色，在阳光充足的条件下，叶缘会呈红色。

温度　生长适温 18~25℃，能耐 3~5℃的低温。

光照　夏季高温时，要放置在通风处养护，冬季给予充足光照。

施肥　生长期每 10 天左右施一次腐熟的薄肥即可。

浇水　夏季高温时节制浇水，防止腐烂；冬季保持盆土适度干燥，春秋生长季多浇水。

栽植　栽培基质宜用粗河砂和有机培养土、珍珠石、蛭石的混合物。

繁殖　可进行芽插或叶插繁殖。

唐印的斑锦品种

玉吊钟

景天科伽蓝菜属

玉吊钟原产马达加斯加岛阳光充足的热带地区。玉吊钟株高20~30厘米，叶卵形扁平，交互对生，叶缘锯齿状。颜色为蓝色或灰绿色，会有不规则的乳白、粉红、黄色斑块，极富变化。

✎ **温度** 生长适温 16 ~ 19℃，不耐严寒、不耐霜冻，越冬温度不得低于5℃。

☼ **光照** 喜散光照射，夏季高温时，要置稀疏的阳光下养护。

✿ **施肥** 较喜肥，生长期每月一次，冬季停止施肥。

✍ **浇水** 夏冬季节控制浇水，避免因土壤过湿引起烂根。春秋季生长旺盛期，可适当多浇水，但也要注意避免积水。

▭ **栽植** 栽培基质可用泥炭土、沙壤土以 1:1 混合。

▯ **繁殖** 主要用扦插繁殖。

花月锦

景天科青锁龙属

花月锦的样子，随着种类的不同也有差异，或色彩斑斓，或金黄灿烂。置身其中，真的是一种视觉上的享受。烟花三月时节，光照充足，这个时节，对于花月锦来说，正是最美好的年华。

温度　生长适温 15 ~ 18℃，越冬温度不得低于 5℃。

光照　喜光照，盛夏高温时注意通风，避免闷热。

施肥　较喜肥，生长期每周施腐熟的稀薄液肥或复合肥一次。

浇水　生长期浇水掌握"不干不浇，浇则浇透"，避免盆土积水，否则易造成烂根。

栽植　栽培基质可选用疏松透气的腐叶土、园土、沙土按 2:1:3 的比例混合配制。

繁殖　扦插、枝插、叶插都可以。

女王花舞笠

景天科石莲花属

女王花舞笠为景天科石莲花属，又名女王花笠，叶片圆形，叶缘大波浪状，有褶皱。女王花舞笠叶色翠绿至红褐，新叶老叶颜色会有深浅区别。强光与昼夜温差大或冬季低温期叶色深红，弱光则叶色浅绿，叶缘常会显现粉红色。

温度 生长适温 18 ~ 25℃，越冬温度不得低于 10℃。

光照 喜明亮光照，也耐半阴。叶的颜色或会随光照条件改变。

施肥 较喜肥，生长期每月施肥一次。

浇水 耐干旱，生长期每周浇水一次，切忌过湿。空气干燥向盆周围喷水，不要向叶面喷水。

栽植 栽培基质适合选用肥沃、疏松、排水性良好的沙质土壤。

繁殖 可在生长期间掰取成熟而完整的叶片进行扦插。

小球玫瑰

景天科伽蓝菜属

小球玫瑰有点像迷你版本的玫瑰花。小小的个头却生长茂密。它的叶子中间虽是常见的绿色，叶子的波浪状边缘，却是鲜艳的红色。随着时光流逝，植株整个都会变成紫红色。

温度 生长适温 18~25℃，冬季温度应保持在 5℃以上。

光照 需要给予充足的光照，但夏季仍需稍遮阴。

施肥 遵循薄肥勤施的原则，以稀释的天然有机肥为主。

浇水 春秋冬三季浇水可不干不浇，浇则浇透，夏季控制浇水。

栽植 盆土可用泥炭土、蛭石、珍珠岩，以 1:1:1 配置。

繁殖 一般选用剪下的健壮枝条进行扦插繁殖。

锦晃星
景天科石莲花属

锦晃星为景天科石莲花属多肉植物，原产于墨西哥地区，多年生小灌木状多浆植物。其叶片肥厚，叶片上布满了细短的白色毫毛，叶缘顶端的红色非常鲜艳，花朵颜色非常好看，在石莲花中也属于比较漂亮的。

温度 生长适温 18~25℃，冬季最好维持温度在 10℃以上。

光照 喜光照，又耐半阴，宜凉爽、干燥和阳光充足的环境。

施肥 较喜肥，生长期每月施肥一次。

浇水 耐干旱，忌水渍，生长期不宜浇水过多，盆土过湿会造成植株不紧凑。

栽植 栽培基质要求排水良好的沙质壤土。

繁殖 锦晃星的繁殖可在生长期间进行扦插，枝插、叶插均可成活。

锦司晃
景天科石莲花属

锦司晃为景天科石莲花属多肉植物，原产地为墨西哥，与锦晃星相似，但锦司晃的叶片与之相比要厚很多，花茎的生长速度也比锦晃星慢。叶绿色，叶边缘微微红褐色，开黄红色的小花。

温度 生长适温 15 ~ 23℃，越冬温度不得低于5℃。

光照 除夏季适当遮阴，其他时间充分接受光照。

施肥 生长期可每月施肥一次。

浇水 夏季温度过高时会休眠，要减少浇水，不宜在顶部淋水，否则很容易因积水导致叶片腐烂。

栽植 栽培基质适合用肥沃、疏松、排水性良好的沙质土壤。

繁殖 叶插与扦插皆可，但叶插成功率不高。

爱染锦

景天科莲花掌属

爱染锦，为莲花掌的斑锦品种，景天科莲花掌属，还有个特别诗意的别名，叫墨染。叶片匙形，颜色如同名字一样美丽，绿色的叶片中间含有黄色的锦斑。锦斑可能会消失，也可能完全变黄。

温度 生长适温 18 ~ 23℃，越冬温度不得低于5℃。

光照 夏季休眠一定要遮阴，温度过高时一定要增加通风，尽量保持一个通风凉爽的环境。

施肥 较喜肥，生长期每月施肥一次。

浇水 生长季节适度浇水即可，夏冬季节减少浇水。

栽植 栽培基质可用泥炭土、沙壤土以 1:1 混合。

繁殖 多采用播种、扦插、芽插繁殖。

若歌诗

景天科青锁龙属

若歌诗，景天科青锁龙属，多年生肉质草本植物，原产于南非。茎直立，呈红色。株高15~25厘米，株幅15~25厘米。叶绿色，形状卵圆形，有小绒毛，春秋季节叶片会变浅红色。

温度 生长适温 15 ~ 25℃，越冬温度不得低于 5℃。

光照 喜光照充足的环境，也耐半阴。

施肥 生长期一般每两个月施肥一次。

浇水 生长期浇水一般干透浇透，梅雨季和高温季一般每周浇水 1~2 次即可，冬季保持盆土干燥。

栽植 栽培基质一般可用泥炭土和粗沙的混合土，也可用普通园土。

繁殖 若歌诗全年均可繁殖，春秋季生根最快，成活率高，繁殖方式主要是扦插繁殖。

生石花

番杏科生石花属

生石花，又名石头玉、屁股花，为番杏科生石花属多肉植物的总称。原产非洲南部及西南地区，常见于岩床缝隙、石砾之中，被喻为"有生命的石头"。生石花为多年生小型多肉植物，茎很短，常常看不见。变态叶肉质肥厚，两片对生联结而成为倒圆锥体。生石花形如彩石，色彩丰富，娇小玲珑品种较多，各具特色。

✎ **温度** 不耐寒，生长适温 20 ~ 24℃。冬季温度需保持 8 ~ 10℃。

☀ **光照** 喜光照，夏季高温停止生长，需移至阴凉散光处。

✿ **施肥** 较喜肥，生长期每半个月施肥一次，秋季开花后暂停施肥。

✑ **浇水** 春季生长旺盛，供水要充足。秋季开花以后要逐渐减少浇水，冬季要严格控制浇水。

▭ **栽植** 栽培基质用泥炭土和颗粒土按照 1:1 进行混合。

⌄ **繁殖** 主要通过播种繁殖，4~5 月进行。

日轮玉

福寿玉

露美玉

鹿角海棠
番杏科鹿角海棠属

鹿角海棠为番杏科鹿角海棠属，也叫熏波菊，原生地位于南非。植株不高，常呈亚灌木状，分枝多呈匍匐状。叶片肉质具三棱，花期冬季和夏季，冬季花白色、红色或淡紫色等，夏季花黄色。

温度　喜温暖，不耐寒，越冬温度不得低于15℃。

光照　喜欢温和的日照，夏季注意遮阳，否则表面易起皱。

施肥　生长期每月施肥一次。

浇水　春秋生长季对水分需求较多；夏季高温时休眠，应减少浇水量。

栽植　栽培基质可用肥沃、疏松、排水性良好的沙质土壤。

繁殖　主要以扦插为主，也可播种繁殖。

五十铃玉

番石科窗玉属

五十铃玉为番杏科窗玉属多肉植物，原产于南非和纳米比亚，多年生肉质植物。植株高5厘米，叶片长3厘米，淡绿色，肉质，叶对生。叶片顶端透明，根部稍暗红色，整体呈细棍棒状。夏末至秋季开花，金黄色。

温度　喜温暖的环境，生长适温15~30℃。

光照　喜光照，也耐半阴。生长期每天保持3~4小时的光照，夏季注意避光。

施肥　较喜肥，生长期每月施一次肥，每年施肥5~6次即可。

浇水　春秋季节一般5~7天一次即可，夏季和冬季减少浇水。

栽植　栽培基质可用腐蚀土、粗沙、兰石、陶土颗粒、珍珠岩按照4:2:2:1:1的比例混合。

繁殖　主要通过播种繁殖或分株繁殖。

雷童

番杏科露子花属

雷童为番杏科露子花属多年生肉质草本植物。植株高20~30厘米，茎部细长，多分枝。叶片长1~1.5厘米，深绿色，肉质，表面布满白色肉刺，呈卵圆形。夏季开花，白色，中央黄色。

温度 生长适温 15~25℃，冬季不低于5℃。

光照 喜光照，也耐半阴。

施肥 较喜肥，生长期间每隔3周施一次肥，冬季勿施肥。

浇水 耐干旱。生长期适量浇水，保持土壤稍湿润；其他季节控制浇水，保持土壤稍干燥。

栽植 栽培基质一般用泥炭土、蛭石、珍珠岩各一份混合而成。

繁殖 主要有扦插繁殖和播种繁殖两种。

小松波
番杏科仙宝属

小松波，也叫姬红小松，为番杏科仙宝属多年生肉质植物。植株高15~20厘米，根部肥大呈块状。茎部黄褐色，肉质肥厚，粗糙多分枝。叶片长1~2厘米，淡绿色，顶部密集白色细毛，呈纺锤状。夏季开花，桃红色，呈雏菊状。

温度 生长适温 19~24℃，冬季温度不宜低于 7℃。

光照 喜光照，又耐半阴，宜凉爽、干燥和阳光充足的环境。

施肥 较喜肥，生长季 7~10 天施肥一次。

浇水 耐干旱。栽种初期少浇水，春秋季多浇水，冬季控制浇水。

栽植 栽培基质要求排水良好的沙质壤土。

繁殖 可在生长季节剪取带叶的分枝进行扦插。

四海波

番杏科肉黄菊属

四海波为番杏科肉黄菊属多肉植物，原产于南非。植株密集丛生，有肉质叶片，叶十字交互对生，基部联合，先端三角形，叶缘和叶背龙骨突表皮硬膜化，大部分叶面有肉齿，叶缘有肉质粗纤毛。花大无柄，花色以黄色为多，夏季休眠。

✎ **温度** 生长适温 18 ~ 28℃，越冬温度不得低于5℃。

☀ **光照** 喜光照，也耐半阴。夏季高温强光时注意避晒。

🌸 **施肥** 较喜肥，生长期每月施一次肥。夏季不施肥。

💧 **浇水** 生长季浇水一般 6~8 天一次，夏冬季减少浇水。

🪴 **栽植** 栽培基质一般可用泥炭土、蛭石和珍珠岩的混合土。

🪴 **繁殖** 以分株为主，最好在春秋季进行。

芳香波

番杏科楠舟属

芳香波为番杏科楠舟属多肉植物，原产于非洲南部地区，是多肉植物中少有的开花带香味的品种，花香非常清香，并且不腻人。除了春季开花时带来的香味外，其他时候基本保持绿色饱满的状态。

温度 不耐寒，生长适温18~25℃，越冬温度不得低于7℃。

光照 喜光照，也耐半阴。夏季高温强光时适当遮阴。

施肥 较喜肥，生长期间每月施一次肥，夏季勿施肥。

浇水 生长期浇水不宜多，勤喷水并控制浇水，保持盆土稍潮润即可。

栽植 栽培基质一般可用泥炭土、蛭石和珍珠岩的混合土。

繁殖 主要有扦插繁殖和播种繁殖两种。

快刀乱麻

番杏科快刀乱麻属

快刀乱麻为番杏科快刀乱麻属多肉植物,植株呈肉质灌木状,株高20~30厘米,多分枝。叶对生,长约1.5厘米,集中在分枝顶端,细长而侧扁,先端两裂,外侧圆弧状,好似一把刀。叶色淡绿至灰绿色,花黄色。

温度 生长适温 15 ~ 25℃,越冬温度不得低于5℃。

光照 喜光照充足的环境,夏季适当遮阴,避免烈日暴晒。

施肥 生长期施肥一般每月一次。

浇水 耐干旱,春秋生长季可充分浇水,夏季适当浇水。

栽植 栽培基质一般可用肥沃、疏松的沙质土壤。

繁殖 可在生长季节剪取带叶的分枝进行扦插繁殖。

姬玉露

百合科十二卷属

姬玉露为百合科十二卷属多肉植物，是玉露的小型变种，原产于南非。姬玉露为多年生肉质草本植物，株高3~5厘米，肉质叶呈紧凑的莲座状排列，叶片肥厚饱满，翠绿色，上半段呈透明或半透明状，总状花序，花筒状，花期夏季。

✏ **温度** 冬季夜间最低温度在8℃左右，白天在20℃以上。

☀ **光照** 喜亮光，也耐半阴。盛夏高温期注意避强光。

◈ **施肥** 较喜肥，每月施一次腐熟的稀薄液肥。

💧 **浇水** 生长期浇水掌握"不干不浇、浇则浇透"的原则，避免积水，不能长期雨淋，以避免烂根。

▽ **栽植** 栽培基质常用腐叶土、粗沙或蛭石加少量骨粉混合土栽种。

🪴 **繁殖** 可通过根插、叶插或播种繁殖。

白斑玉露

百合科十二卷属

白斑玉露为百合科十二卷属多肉植物，为玉露的锦斑品种，多年生肉质草本植物，也叫水晶白玉露，原产于南非。白斑玉露株高4~5厘米，肉质叶角锥状，碧绿色，间杂镶嵌乳白色斑纹，花白色，花期夏秋。

温度 不耐寒，忌高温。生长适温18 ~ 22℃。

光照 植物对光照比较敏感，忌强光直射，耐半阴。

施肥 生长旺盛期每月施肥，夏季高温和冬季低温时不施肥。

浇水 夏季高温少浇水，冬季保持干燥，多年老株可多浇水。

栽植 栽培基质可用蛭石、腐叶土或草炭土其中各两份混合配制。

繁殖 可采用扦插和播种等方法繁殖。

玉露
百合科十二卷属

3~4厘米高的玉露，小巧玲珑、晶莹剔透，就像艺术展中精致的工艺品，让人有种呵护的冲动。肉肉的叶片像一叶叶扁舟，深绿的脉纹仿佛荡漾的水纹。透明的叶片像绿色的宝石戒指。

温度 不耐寒，生长适温为20℃左右，冬季温度维持在5 ~ 12℃。

光照 喜光照充足的环境，也耐半阴。夏季避免强光照射。

施肥 较喜肥，生长期每月施肥一次。

浇水 生长期浇水掌握"不干不浇，浇则浇透"的原则，避免积水，更不能雨淋。

栽植 盆土可用蛭石3份、腐叶土或草炭土2份混合配制。

繁殖 扦插、分株、播种均可。

卧牛

百合科沙鱼掌属

卧牛为百合科沙鱼掌属的多年生肉质草本植物，原产于南非，是一款稀有品种。卧牛生长缓慢，形态变化不大，株高3~5厘米，舌状叶片呈两列叠生，叶面墨绿色，表面粗糙。总状花序，小花筒状，花期春末至夏季。

温度 生长适温 13 ~ 21℃，冬季温度保持 5~12℃。

光照 喜光照，盛夏高温期移至半阴位置。耐干旱。

施肥 较喜肥，生长期每月施肥一次。

浇水 对水分要求不多，夏季高温时要减少浇水。

栽植 栽培基质可用腐殖土、泥炭土、木炭和透气石料的混合土。

繁殖 以分株为主，将老株的侧芽掰下入土培养。也可用蘖芽扦插。

子宝

百合科鲨鱼掌属

子宝是一种百合科鲨鱼掌属的多肉植物，外形看起来像元宝，因此也叫元宝花。肉质叶肥厚，叶面光滑，带有白色斑点，比较容易发生斑锦变异的品种之一。花较小，红绿色，花期在冬季至春季。

✎ **温度** 生长适温 13 ~ 21℃，冬季温度保持 5 ~ 10℃。

☀ **光照** 喜光照充足的环境，夏季移至散光照射处。

✿ **施肥** 较喜肥，生长期每月施一次肥。

🖐 **浇水** 春秋季节 10 天左右浇一次水，夏天 20 ~ 30 天浇一次水，冬天 30 ~ 40 天浇一次水。

🗄 **栽植** 栽培基质可用腐叶土、细沙、园土混合配置。

🪴 **繁殖** 子宝常有幼株从基旁长出，可根据生长情况分株换盆。也可播种繁殖。

琉璃殿

百合科十二卷属

琉璃殿是百合科十二卷属，又叫旋叶鹰爪草，原产南非德兰士瓦省，琉璃殿最为特殊的是叶盘排列和叶面横生的疣突。莲座状的叶盘上有20枚左右的卵圆形叶片，其正面凹，背面圆凸，呈螺旋状地向同一个方向排列，酷似风车。

温度 生长适温 18 ~ 24℃，冬季温度不低于 5℃。

光照 喜光照，夏季高温强光时注意避阴。

施肥 较喜肥，生长期间每月施一次肥，夏季勿施肥。

浇水 春秋生长季要充分浇水，夏季高温时要减少浇水量。

栽植 栽培基质一般可选用腐叶土、培养土和粗沙的混合土加少量骨粉。

繁殖 用基部蘖芽扦插或直接上盆，也可叶插繁殖。

九轮塔

百合科十二卷属

九轮塔为百合科十二卷属，又叫霜百合，原产于南非，多年生常绿草本植物。九轮塔的茎非常短，并且不会向高处生长。肥厚的叶片向内侧弯曲，先端急尖，呈螺旋状排列。叶片平时为绿色，在阳光下会变成紫红色。

温度　发芽适温 21 ~ 24℃，冬季温度不低于 10℃。

光照　喜光。夏季避强光，冬季保持充足光照。

施肥　生长期施肥一般每月一次。

浇水　耐干旱，盆土保持稍湿润的状态，不干不浇。

栽植　栽培基质可用腐叶土加河沙混合配土。

繁殖　采叶腋或茎轴基部长出的小侧枝扦插。

条纹十二卷

百合科十二卷属

条纹十二卷，又叫条纹蛇尾兰、十二之卷，原产于非洲南部。条纹十二卷的色彩对比很明显，三角状披针形的叶片呈深绿色，凸起的龙骨状叶背有较大的白色瘤状突起，排列成横条纹，具有很高的观赏价值。

✎ **温度** 生长适温 18 ~ 22℃，冬天应维持在 5℃以上。

☼ **光照** 喜明亮光照，也耐半阴。夏季注意避开强光。

✿ **施肥** 生长期每月施肥一次，其他季节可不施肥。

☖ **浇水** 浇水的原则是"间干间湿，干要干透，不干不浇，浇就浇透"。

▽ **栽植** 栽培基质可用腐叶土加河沙2:1混合后再加入少量骨粉。

☗ **繁殖** 常用分株和扦插繁殖，培育新品种时采用播种繁殖。

宝草

百合科十二卷属

宝草为百合科十二卷属多肉植物，也叫水晶掌、库氏十二卷，原产地位于南非，多年生肉质草本植物。宝草的外形酷似莲花，小巧玲珑很美丽。翠绿色的肉质叶呈莲座状排列，半透明的叶片给人一种晶莹剔透的明亮感。

✎ **温度** 忌炎热，不耐寒，生长适温为 20 ~ 25℃。

☼ **光照** 喜欢半阴的环境，日照充足时叶片较为紧凑，但色调会暗一些。

✿ **施肥** 生长期施肥一般每月一次。

💧 **浇水** 除夏季高温时控制浇水外，无需特别注意。

🗄 **栽植** 栽培基质可用肥沃的壤土和粗沙各半，酌加少量骨粉。

🪴 **繁殖** 主要通过分株繁殖。

寿
百合科十二卷属

寿为百合科十二卷属多年生肉质草本多肉植物，也叫透明宝草，原产非洲南部。整体株形和芦荟相似，叶片肥厚，卵圆三角形，叶面深绿色，脉纹明显，总状花序，花筒状，白色，花期冬末春初。

温度 生长适温 16 ~ 18℃，冬季温度维持在5℃以上。

光照 喜日照，春秋适宜半阴条件，冬季需要充足柔和的阳光。

施肥 生长期间每月施肥一次。

浇水 生长期保持稍湿润，但盆内不能积水。空气过于干燥时，可喷水增加空气湿度。

栽植 栽培基质可用泥炭土加排水较好的珍珠石、蛭石等混合。

繁殖 常用分株、叶插、播种的方式进行繁殖，也可通过人工授粉进行杂交。

绫锦

百合科芦荟属

绫锦为百合科芦荟属多年生肉质草本植物，原产于南非。株高10厘米左右，叶片莲座状排列，深绿色，叶上有小白色斑点和白色软刺，叶缘长有细锯齿，圆锥花序，花筒状，橙红色。

温度 生长适温 20~24℃，冬季温度不低于 8℃。

光照 喜光照充足的环境，又耐半阴，夏季适当遮阴。

施肥 生长季每月施肥一次。

浇水 耐干旱，生长期可多浇水，夏季控制浇水，冬季保持干燥。

栽植 栽培基质宜肥沃、疏松和排水良好的沙质壤土。

繁殖 常用扦插法和分株法。

翡翠殿

百合科芦荟属

翡翠殿为百合科芦荟属多年生肉质草本植物，原产于南非。植株高30~40厘米，叶片三角形，螺旋状互生，淡绿色至黄绿色，叶缘有白齿，总状花序顶生，花小，淡粉色。

温度 生长适温 15 ~ 25℃，越冬温度不得低于5℃。

光照 喜光照，也耐半阴。夏季高温强光时注意避晒。

施肥 较喜肥，生长期每半个月施一次肥。

浇水 耐干旱，刚栽时少浇水，夏冬保持干燥，生长期可多浇水。

栽植 栽培基质一般可用肥沃、疏松的沙质土壤。

繁殖 以分株和扦插为主。

不夜城

百合科芦荟属

不夜城也叫大翠盘、高尚芦荟，为百合科芦荟属多年生肉质草本植物，原产于南非。植株单生或丛生，高30～50厘米，茎粗壮，直立或匍匐，肉质叶绿色，叶缘有淡黄色锯齿状肉刺，总状花序，花筒状，深红色。

温度 生长适温20℃左右，10℃左右生长近于停顿。

光照 喜光照，也耐半阴。夏季高温强光时适当遮阴。

施肥 较喜肥，生长期间每15～20天施一次腐熟的稀薄液肥。

浇水 耐干旱，忌盆土积水，以盆土"不干不浇、浇则浇透"为原则。

栽植 栽培基质一般可用肥沃、疏松的沙质土壤。

繁殖 主要有扦插繁殖和分株繁殖两种。

库拉索芦荟

百合科芦荟属

库拉索芦荟也称巴巴多斯芦荟，我国称之为翠叶芦荟，原产于美洲西印度群岛的库拉索群岛和巴巴多斯岛。多年生肉质草本植物，株高60厘米，茎较短，叶披针形，簇生于茎顶，花管状，黄色，花期夏季。

温度 生长适温 15 ~ 25℃，越冬温度不得低于 5℃。

光照 全日照。夏季注意避开强光。

施肥 春季每半个月施一次肥，夏季每月喷施 1~2 次叶面肥，秋季每月喷施一次叶面肥，冬季每月泼浇一次有机肥水。

浇水 喜旱怕涝，因此在浇水时应掌握"宁干勿湿"的原则。春秋季适量浇水，冬季基本不浇水。

栽植 栽培基质一般可用肥沃、疏松的沙质土壤。

繁殖 可用分株或扦插法。

红彩阁

大戟科大戟属

红彩阁又名火麒麟，为大戟科大戟属灌木状肉质植物，原产于南非。成年植株的茎为暗红色，幼株则多为绿色，成年植株株高1米，株幅在30~40厘米，茎呈圆筒形，灰绿色，茎上有6个棱。能开小花，花色为黄色，花期在秋冬季。

温度　不耐寒，冬季维持12℃以上的室温，5℃以上安全越冬。

光照　喜光照，稍耐半阴。夏季稍注意避强光直晒。

施肥　较喜肥，生长期每月施一次肥。

浇水　不需要经常浇水，但浇水一定不能留有积水，否则很容易烂根，要掌握"见干见湿"的原则。

栽植　对培养土无特别要求，但需要掺入一定量的河沙。

繁殖　生长季节剪取健壮充实茎段进行扦插，即可繁殖。

红彩云阁

大戟科大戟属

红彩云阁又名红三角大戟，是彩云阁的斑锦品种。植株高度1米，茎部柱状，呈直立三角形，肉质，多分枝多棱，棱边缘呈波浪起伏状。植株表皮上分布黄色横向脉纹，对生红褐色硬刺，叶片紫红色，呈卵圆形。夏季开花。

温度 生长适温 18 ~ 22℃，冬季维持室温 5℃以上。

光照 喜光照充足的环境，夏季高温期避免强光直射。

施肥 较喜肥，生长期每半个月左右施一次腐熟的稀薄液肥。

浇水 耐干旱，春秋季节保持盆土稍湿润，夏季和冬季控制浇水。

栽植 栽培基质可选用肥沃且排水良好的沙壤土，添加少量草木灰。

繁殖 扦插是红彩云阁常见的繁殖方法。

虎刺梅

大戟科大戟属

虎刺梅又名铁海棠、万年刺，原产马达加斯加。植株茎细圆呈棒状，密生锐刺。叶片呈倒卵形，全缘，长8~10厘米。聚伞花序，花杯状，开深红色小花，花期春、夏季。

温度 15~32℃为合适的生长温度，越冬温度保持在 10℃以上。

光照 喜温暖光照，稍耐阴。夏季注意避开强光。

施肥 较喜肥，生长期每月施肥一次。

浇水 生长期浇水掌握"不干不浇，浇则浇透"的原则，避免积水，更不能雨淋。

栽植 盆土可用腐叶土或泥炭土加 1/2 的沙土和少量肥料配成。

繁殖 主要有扦插繁殖和组织培养两种方法。

不同花色的虎刺梅

多刺大戟

大戟科大戟属

多刺大戟原产南非。株高15厘米，株幅50厘米。肉质茎上有7~12棱，茎呈淡绿色，棱缘密生粗壮刺，这些粗壮刺呈红褐色或灰褐色。植株的叶片很早脱落，所以形成无叶状态。聚伞花序，单生花，淡黄色，花期秋、冬季。

温度 生长适温 20~25℃，冬季温度不低于5℃。

光照 喜阳光温暖的生长环境，可充分接受光照。

施肥 生长季每月施肥一次。

浇水 耐干旱。生长期每周浇水一次，冬季每月浇水一次，其他季节可保持适当干燥。

栽植 栽培基质宜肥沃、疏松和排水良好的沙质壤土。

繁殖 常用嫁接法繁殖。

铜绿麒麟

大戟科大戟属

铜绿麒麟又名铜缘麒麟，原产南非。株高80~100厘米，株幅30~40厘米。茎柱状，从基部分枝，形成灌丛，每个分枝上有数个棱，茎枝均为铜绿色，棱缘长有倒三角形褐斑块，斑块上着生褐刺。开杯状黄花，花期秋季。

温度 喜温暖，耐热，不耐寒，冬季温度要求不低于10℃。

光照 喜光照，也耐半阴。在光线充足的室内也能生长良好，不过不及室外长得健壮繁茂。

施肥 较喜肥，生长期每月施一次肥。

浇水 生长期可充分浇水，但要防止积水，夏、冬季节控制浇水。

栽植 栽培基质一般可用肥沃、疏松的沙质土壤。

繁殖 以嫁接繁殖为主。

大戟阁锦

大戟科大戟属

大戟阁锦原产南非，主茎干粗壮肥厚，植株多分枝，茎干均垂直向上生长，每个茎具有4棱，棱缘呈波浪形，具齿状突起，顶生一对灰褐色短刺。在生长期，植株顶端长出针形叶片，但很快脱落。花杯状，淡绿色，花期秋、冬季。

温度 喜温暖干燥的环境，所以在春季天气较冷时，要注意保暖。

光照 夏季是大戟阁锦的生长旺盛期，所以要给予充足而均匀的光照。

施肥 每15～20天施一次腐熟的稀薄液肥或低氮高磷钾的复合肥。

浇水 浇水掌握"见干见湿"的原则，冬季还要控制浇水，一般一个月浇一次水。

栽植 栽培基质一般可用肥沃、疏松的沙质土壤。

繁殖 主要通过嫁接法繁殖。

津巴布韦大戟

大戟科大戟属

津巴布韦大戟为灌木状多肉植物，原产津巴布韦。株高100~200厘米，株幅50~60厘米。茎直立生长，茎上具3棱，节状收缩。聚伞花序，花杯状，黄绿色，雌雄同株，花期夏季。

🖊 **温度** 生长适温 20 ~ 28℃，越冬温度不得低于 5℃。

☀ **光照** 全日照，喜欢阳光充足的环境。

✎ **施肥** 较喜肥。生长期每月施肥一次，夏季休眠期不可施肥。

💧 **浇水** 耐干旱。生长期每周浇水一次，冬季每月浇一次。

🪣 **栽植** 栽培基质一般可用肥沃、疏松的沙质土壤。

🪴 **繁殖** 可用嫁接法繁殖。

春峰
大戟科大戟属

春峰茎部的扭曲感和相互之间的错叠和鸡冠有异曲同工之妙。春峰的形态以此为代表，并且千奇百怪，都是因为在生长过程中产生了返祖现象导致的；颜色有绿、黄、乳白、淡紫等多种。

✎ **温度** 生长适温 20~25℃，冬季温度不低于 5℃。

☼ **光照** 喜光照充足的环境，夏天高温强光时注意避晒。

✑ **施肥** 较喜肥，生长期施肥 2~3 次。

💧 **浇水** 生长旺盛期可适度浇水，其余时间保持盆土稍干燥。

🪣 **栽植** 栽培基质可用肥沃的壤土和粗沙各半，酌加少量骨粉。

🪴 **繁殖** 春峰的繁殖常用嫁接法。

布纹球

大戟科大戟属

布纹球远远看去，就像是一个碧色的圆球。它的表面有着许多红褐色的条纹，一圈一圈，保卫着这个小小的圆球。而纵向的棱上，也张有许多小小的钝齿，褐色的锯齿像布纹球上长出的小小牙齿，煞是可爱。

🖊 **温度** 生长适温 20~28℃，冬季温度不低于 12℃。

☀ **光照** 喜欢光照充足的环境，夏季注意避开强光直晒。

🌸 **施肥** 较喜肥，生长旺盛期施肥 1~2 次。

💧 **浇水** 耐干旱，无需多浇水，保持盆土在稍干燥的状态。

🪴 **栽植** 栽培基质可用珍珠岩混合泥炭土，再加蛭石和煤渣配土。

🪴 **繁殖** 播种，也可以切顶繁殖。

大花犀角

萝藦科国章属

大花犀角又名海星花、臭肉花，多年生肉质草本植物，原产南非，世界各国多有栽培。株高30厘米，株幅不定。茎干粗直，呈四角棱状，有齿头突起，灰绿色。开星状大花，花色淡黄具暗紫横纹，有嗅味，花期夏季。

温度 生长适温 16 ~ 22℃，越冬温度在 12℃以上。

光照 喜阳光充足的环境，也耐半阴。

施肥 对肥没有严格要求，但生长期每 15 ~ 20 天施用一次追肥。

浇水 生长期要求充足肥水。耐干旱，忌水湿，保持土壤稍干燥。

栽植 栽培基质适合用肥沃、疏松、排水性良好的沙质土壤。

繁殖 可用分株、扦插或播种繁殖。

不同花色的大花犀角

紫龙角

萝藦科水牛角属

紫龙角为多年生肉质草本植物，原产非洲西南部。株高10~12厘米，株幅20厘米。植株低矮、多枝，有齿状突起。茎干无叶，表面有紫褐色斑纹。开钟形小花，褐红色，花期夏季。

温度 生长适温 18 ~ 25℃，冬季不低于 12℃。

光照 可以全天日照，充足的光照可以使植株色泽更加靓丽。

施肥 生长期每月施一次肥。

浇水 耐干旱，见土壤快干时再浇水，一次性浇透。

栽植 栽培基质可选用疏松、肥沃和排水良好的沙质壤土。

繁殖 常用扦插和播种繁殖。

爱之蔓

萝藦科吊灯花属

爱之蔓又名心蔓、吊金钱、蜡花，原产南非。株高10厘米，株幅不定。叶片对生，呈心形，肉质，长1.0~1.5厘米，宽约1.5厘米，具紫红或灰绿斑纹。花呈壶状，淡紫褐色，具紫色毛，花期夏季。

温度 生长适温15~25℃，能耐受35℃的高温和10℃左右的低温。

光照 性喜散射光，忌强光直射。

施肥 不喜肥，特别忌施高磷钾肥。

浇水 生长期可每周浇水一次，使土壤湿润而不积水。

栽植 盆土可用草炭土、珍珠岩、河沙按6:1:3的比例配制。

繁殖 可以采取扦插和播种繁殖。

球兰

萝藦科球兰属

球兰又名马骝解、腊兰、铁脚板，攀援性常绿多肉灌木植物，原产中国、印度等地。株高100~200厘米，株幅40~50厘米。叶对生，肉质，卵状椭圆形，全缘。聚拢伞状花序，星状小花，白色，中心紫红色，花期夏季。

温度　喜温暖，生长适温 20~25℃，冬季不宜低于 1℃。

光照　喜温暖光照，稍耐阴。夏季注意避开强光。

施肥　平时需肥量较少，生长旺季每月施 1~2 次氮磷结合的稀薄肥水。

浇水　盆土宜经常保持湿润状态，但盆内不可积水，水分不可过量，以免引起根系腐烂。

栽植　栽培基质宜富含腐殖质且排水良好的土壤。

繁殖　常用扦插和压条繁殖。

斑叶球兰

球兰花朵细节图

心叶球兰

雷神
龙舌兰科龙舌兰属

雷神为多年生肉质植物。植株高20厘米，呈莲座状簇生。叶片长25厘米，青绿色披白粉。叶片根部狭窄肥厚，先端尖锐，且长有锈红色尖刺。叶片边缘分布多对波浪状短刺，整体呈倒卵状。夏季开花，黄绿色，呈漏斗状。

🖊 **温度** 喜温暖，生长适温 18~25℃。

☀ **光照** 喜光照，不耐荫蔽，夏季高温注意通风。

◈ **施肥** 较喜肥，生长期每月追施一次氮磷钾结合的肥料。冬季勿施肥。

🚿 **浇水** 耐干旱。生长季多浇水，保持盆土干燥；夏季增加浇水；秋季、冬季控制浇水。

▢ **栽植** 栽培基质宜用泥炭土混合煤渣、河沙等。

🪴 **繁殖** 多采用分株繁殖，植株茎基部易萌发根蘖苗。

大刺龙舌兰

龙舌兰科龙舌兰属

大刺龙舌兰为多年生常绿草本植物。植株高度60厘米，呈莲座状。茎短，叶片长45厘米，灰绿色，坚实展开，中间宽，根部窄，叶端株间狭窄。叶尖长有黑刺硬刺，叶片呈剑状。夏季开花，花淡白色，较小。

温度 不耐寒，生长适温 18~ 24℃。冬季温度不低于 8℃。

光照 喜光照充足的环境，也耐半阴。夏季无需遮阴。

施肥 较喜肥。生长季每月施一次肥，秋季降温后不施肥。

浇水 耐干旱。春秋生长季多浇水，保持盆土湿润；夏季高温期多喷雾，保持空气湿润度。

栽植 栽培基质一般可用泥炭土、肥沃园土、粗沙的混合土，加少量干鸡粪、骨粉等。

繁殖 常用播种繁殖和分株繁殖。

王妃雷神

龙舌兰科龙舌兰属

王妃雷神为多年生肉质植物。植株高7厘米，无茎，呈莲座状。叶片长3厘米，青绿或蓝绿色，披白粉。叶片肥厚、短宽，先端生长红褐色硬刺。叶片边缘生长肉齿，肉齿尖端生长锈红色短刺，叶片整体呈蟹壳状。夏季开花，黄绿色。

温度 不耐寒，生长适温 18 ~ 25℃。

光照 耐半阴，夏季强光时注意遮阴。

施肥 较喜肥。生长季每月施一次肥，冬季不施肥。

浇水 耐干旱。生长季掌握"不干不浇，浇则浇透"原则，入秋降温后控制浇水。

栽植 栽培基质一般可用泥炭土、肥沃园土、粗沙的混合土，加少量干鸡粪、骨粉等。

繁殖 常用播种繁殖、扦插繁殖和分株繁殖。

王妃雷神白覆轮

王妃雷神白中斑

王妃雷神薄中斑

五色万代锦

龙舌兰科龙舌兰属

五色万代锦又名五色万代、五彩万代，为多年生肉质草本植物。植株高25厘米，无茎，呈莲座状。叶长35厘米，叶中间黄绿色，两边绿色。叶质坚硬，叶端和叶边缘均长有褐色硬刺。叶边缘呈波浪状，叶片呈剑状。夏季开花，花黄白色。

温度 喜温暖，生长适温 18～25℃。

光照 喜欢阳光充足的环境。夏季高温强光时注意遮阴。

施肥 较喜肥，生长期每月施一次薄肥，秋季降温后不施肥。

浇水 耐干旱。生长季适量浇水，保持盆土湿润，夏季多浇水，冬季控制浇水。

栽植 栽培基质可用泥炭土混合煤渣、河沙等使用。

繁殖 可用播种或分株繁殖。

绿之铃
菊科千里光属

绿之铃又名珍珠兰、翡翠珠、情人泪，原产非洲，现普遍种植。株高60厘米，株幅不定。叶片肉质，圆润饱满，呈圆球，形如同佛珠。头状花序，顶生，小白花，花期秋、冬季。能吸收有毒气体，有"绿色净化器"之美称。

温度 生长适温 15 ~ 25℃，冬天应维持在 5℃以上。

浇水 浇水宁干勿湿。天气干燥时可以多向叶、蔓喷水以弥补水分的不足。

光照 较喜半阴，暴晒可能灼伤珠体，光线过弱则不利生长。

栽植 栽培基质可用富含有机质的、疏松肥沃的土壤。

施肥 生长期施肥应"薄肥勤施"。

繁殖 一般采用扦插法繁殖。

白鸟

仙人掌科乳突球属

白鸟为仙人掌科乳突球属，原产墨西哥。单生或群生，圆球体。株高3~4厘米，株幅3~4厘米。茎质软，表皮中绿。通体被有软白刺，球质很软。花直径2~3.5厘米，淡红中带点紫色，果实圆形，洋红色。白鸟刺短而软，洁白可爱，是爱好者热衷收集的对象。

温度 生长适温 10~20℃。夏季高温植株易腐烂。

光照 全日照。夏季生长期高温时需要遮阳与通风。

施肥 生长期每月施肥一次。

浇水 耐干旱。生长期每两周浇水一次，基本原则是干透再给水，不当头淋。越冬低于 2℃时要禁水。

栽植 栽培基质宜用肥沃、疏松、排水性良好的沙质土壤。

繁殖 白鸟主要通过嫁接繁殖。

鸾凤玉

仙人掌科 星球属

鸾凤玉又名主教帽子，原产墨西哥。单生植物，幼株呈球形，成年株呈柱状。株高20~25厘米，株幅20~30厘米。球茎有5~8棱，刺座无刺，灰青绿色，表面密披白色星点。花漏斗状，长4~6厘米，花期春、夏季。

🌡 **温度** 生长适温 20~25℃，冬季温度不低于 5℃。

☀ **光照** 喜清凉、阳光充足的环境。夏季光线充足，稍遮阳。

✎ **施肥** 喜肥，喜富含石灰质的沙质土壤。生长期每月施肥一次，冬季停止施肥。

💧 **浇水** 耐干旱，喜好排水良好的环境。生长期每两周浇水一次，秋、冬季移入室内，控制浇水。

🪴 **栽植** 栽培基质宜肥沃、疏松和排水良好的沙质壤土。

🪴 **繁殖** 常用嫁接法繁殖。

黄金纽

仙人掌科乳突球属

黄金纽又名金毛花冠柱（曾用过花冠柱属），多年生肉质植物，原产玻利维亚。株高150厘米，株幅3~5厘米。茎细柱形，有10多个棱，刺座着生周围刺30枚、中刺20枚，均为金黄色。侧生花，漏斗状，粉橙色，花期夏季。

温度 喜温暖，耐热，不耐寒，冬季温度不低于10℃。

光照 全日照，喜温暖、阳光充足的环境，也耐半阴。

施肥 较喜肥。生长期每月施薄肥一次，以磷、钾肥为主。

浇水 耐干旱。生长期浇水宜间干间湿，冬季控水，保持土壤稍湿即可。

栽植 栽培基质一般可用肥沃、疏松的沙质土壤。

繁殖 以嫁接繁殖为主。

第五章

玩多肉，
玩的就是创意！

多肉植物组合盆栽的概念

逛花市，经常会有人购买迷你型多肉植物盆栽和多肉植物拼盘，这是时下较为流行的一种多肉植物栽种方式，陈设于电脑桌、书桌、窗台等处，其新颖时尚，富有趣味。

我们除了在花市购买制作好的小盆栽外，还可按照自己的兴趣动手制作一些多肉植物盆栽，给多肉植物一个别致的家。比如下面所展示的这些自己动手制作的案例，都是玩家的创意结晶。

组合盆栽成功案例

植物的选择

在制作多肉植物的组合盆栽中，多肉植物玩家可以将各种不同颜色、不同形状的多肉植物种植在同一个容器中，使得观赏性更强。但是在进行组合时，也有一些需要注意的地方。

由于多肉植物品种的不同，其生长习性也不同，日常养护时，光照、浇水、配土的要求也就不同，因此，在进行多肉组合之前，要先了解不同科属多肉植物的习性，否则，只为了一时的好看，作品维持不了多久，就将变得面目全非。

下面就列举一些常用科属的多肉植物的习性。

百合科：百合科植物喜欢温暖、空气湿度较高的环境，对光照的要求并不是太高。

番杏科：番杏科植物生长比较缓慢，常年处于干旱状态，对水分的需求很少，一般在春季开花并繁殖。

景天科：景天科植物喜欢干燥凉爽、通风好的环境，春秋生长季对水分要求较多，夏季和冬季会休眠。

如果为了追求一时的美观，随意搭配，初期可能观赏性确实很高，但时间长了就会变样，例如景天科的薄雪万年草，与其他多肉植物搭配在一起效果非常好，但由于其生长速度很快，很容易将整个花期湮没，影响整体的观赏性。而如果搭配了正确合适的多肉植物，不仅能够获得漂亮的效果，还能维持很长一段时间。

容器和配饰

多肉组合制作对容器的要求也不是很高，除了各种陶瓷质、木制、塑料或是玻璃的常规花盆外，生活中许多各种各样的物品都可以拿来当做容器，如打蛋器、书本、砖头、鞋子、杯子、碗、蛋壳等，千变万化的搭配方式，多肉植物玩家可以完全根据自己的喜好来选择。

除了植物和容器外，还可以在组合制作中加入一些配饰，如人偶、鹅卵石、小动物玩具等，这样会使你的作品更加丰富，观赏效果更佳。

非凡竹筐

竹筐里的多肉世界

主要品种

蓝石莲　　丽娜莲　　大和锦　　露娜莲

紫珍珠　　瓦松　　山地玫瑰　　火祭

创意灵感

　　家用的长形竹筐与多肉搭配是一个很好的选择。大小不同、色彩各异的多肉与色泽古朴典雅的竹筐筑成了一个美丽而又多样的竹筐多肉小世界，自然温馨感十足。

> 小贴士：
>
> 容器内的植物不需太满太挤，"留白"的做法反而更有聚焦效果。
>
> 浅容器适合搭配株形低矮的多肉，建议以莲座状多肉为主。

准备工具

铲子

注水器

橡胶气吹

准备材料

陶粒

培养土

黄金石

1 准备好容器和多肉，可以先在容器底部铺置一层陶粒，以增强透气性并便于排水。

2 然后放入准备好的培养土至容器高度的九分满处。

3 用铲子将较大的多肉种植在容器的左侧，然后按从左至右的顺序依次将多肉种好。

4 以黄金石铺面装饰，营造一种良好的视觉效果。

5 然后用橡胶气吹将多肉植物上的灰尘清理干净。

6 用注水器沿着容器边缘给多肉及土壤适量注水。

多肉鸟笼

精致的多肉鸟笼

主要品种

花月夜   大和锦

玉吊钟锦   八千代

斑叶球兰   翡翠柱

创意灵感

　　精致的笼子里种上多肉，给人一种新颖清爽的感觉。

准备工具

镊子

橡胶气吹

准备材料

水苔

小贴士：

1. 给水时可将容器的水苔部分浸泡在水里，待水苔充分吸水后拿出。

2. 水苔具有良好的蓄水性，总是保持湿润状态容易造成多肉根部腐烂，待水苔彻底干燥后给水最好。

1 准备好工具和多肉。先将干水苔放入桶中，然后放水，让水苔浸泡一会儿，充分吸收水分。

2 将浸泡过的水苔从桶中取出，并挤掉大部分水分，放在干净处待用。

3 将刚刚加工制作好的水苔放入容器底部，约至容器高度的四分之一处即可。

4 然后用镊子辅助操作，依次将多肉植物的根部塞入水苔之中并将其固定好。

5 用橡胶气吹吹掉植物上的灰尘，以保持植物的清洁和美观。

6 将容器的盖子盖上并卡住，然后将容器悬挂在需要的地方即可。

玻璃身姿

浪漫的多肉玻璃瓶

主要品种

紫珍珠

银手指

玉吊钟

神童

创意灵感

装有多肉的玻璃瓶，给人一种新奇感。将它们悬挂在阳光充足的庭院中，清风吹来，玻璃瓶随风摇曳，多肉也随之摇摆舞动，一幅自由浪漫的画面，让人回味无穷。

小贴士：
每一个瓶内的多肉植物都应该高矮搭配使用，以增强观赏效果。

准备工具

镊子

注水器

橡胶气吹

准备材料

珍珠岩

小贴士：

1. 置于室外明亮、通风处，约两周给水一次，每次给水量约占整体介质体积的 1/5 左右。

2. 放于阳光充足处养护，夏季忌高温和强光直射。

 准备好多肉植物和容器。容器可以选择两个一样的可以悬挂的玻璃瓶。

 从玻璃瓶的小孔中，向玻璃瓶内放入适量的珍珠岩，约占容器总体积的 1/5 即可。

 然后用镊子辅助操作，将多肉植物依次小心地植入容器中。

 植物全部种好后，可以用橡胶气吹将植物表面的灰尘清理干净。

 然后用注水器小心地向瓶内注水，使土壤保持微湿润。

 用同样的方法将另一个玻璃瓶内的多肉种植好即可。

草帽之春

清新多肉草帽

主要品种

蓝石莲 　　大和锦 　　丽娜莲 　　露娜莲

花月夜 　　白牡丹 　　八千代 　　紫珍珠

红稚莲 　　黑王子

创意灵感

　　纯白色的小草帽给人一种清凉的感觉，与萌萌的、可爱的多肉搭配，立刻就会体现出一种小清新的感觉。在酷暑难耐的夏天，让清新的多肉小草帽陪伴，可以纵享夏日里的清凉。

小贴士：

草帽中的土不能过多，多肉植物将土盖严会更有美感。

准备工具

镊子

注水器

橡胶气吹

准备材料

培养土

小贴士：

1. 置于明亮通风处，保持充足的光照。多肉植物容易拥挤，可能会出现腐烂，应注意及时更换新植株。

2. 景天科莲座状多肉光照不足易徒长，应放置在阳光充足处养护。

1 准备多肉与容器。可以在所选择的草帽上编制一个把手，以方便移动此盆景。

2 然后向草帽中放入调制好的培养土，约至草帽中心到边缘的中间位置处。

3 用镊子辅助操作，将多肉植物植入草帽的土壤中，并固定好。

4 用同样的方法，按事先安排好的位置依次将其他多肉植物植入草帽中。

5 然后用橡胶气吹将落于多肉植株上的灰尘清理干净，保持植株的整洁美观。

6 用注水器沿着多肉空隙处补给一定量的水分即可。

蛋壳之美

多肉的破壳新生

主要品种

虹之玉 黄丽 大和锦 初恋

白牡丹 紫美人 丽娜莲

创意灵感

在蛋壳里生长的多肉，就像是刚刚奋力冲破蛋壳的小宝宝，娇小可爱，获得了新的生命。铁盘中的水苔与蛋壳搭配，也形似鸟巢与蛋的依偎，传递出一种令人感动的生命之美。

> 小贴士：
> 鸡蛋壳非常小，建议选择生长速度较慢的一些品种。

准备工具

镊子

水桶

橡胶气吹

准备材料

水苔

蛋壳

铁丝网

小贴士：

1. 生长季需要频繁浇水，天气晴朗时可 2~3 天浇 1 次水。由于蛋壳较小，每次可用固定量的浇水方式。

2. 放在户外通风良好处养护，可以减缓多肉的生长速度。

 准备好容器、工具和多肉，先将干水苔放入桶中，并加入适量的水浸泡，使水苔充分吸水。

 水苔充分吸水后，将其取出，并挤掉大部分水分，放在干净处待用。

 在容器底部的小孔上放置一小块铁丝网，使其将小孔完全覆盖，防止水苔漏出。

 然后放入加工好的水苔，使水苔正好填满容器的圆形凹陷处。

 向清理过的蛋壳中塞入准备好的水苔，然后用镊子将多肉植入蛋壳中。

 将种上多肉的蛋壳放在置有水苔的容器上，并用橡胶气吹吹掉植株上的灰尘。

简约陶器
迷你多肉组合

主要品种

玉吊钟	天狗之舞

花月锦　　　　花月

创意灵感

    此作品致力于表现一种简约、和谐的美。在每一个规则、简单的容器中种上一两株多肉，简约而又不失风趣。相似的容器和植物造型，也体现了这个迷你多肉组合的和谐美。

准备工具

镊子

注水器

橡胶气吹

准备材料

培养土

黄金石

铁丝网

 准备好多肉植物和容器。先在容器底部的小孔上铺置一块铁丝网，以防止漏土。

 向容器中放入调配好的培养土，至容器的九分满处即可。

 将多肉植物植入容器的土壤中，如不方便可以用镊子辅助操作。

 在植物根系部周围的土壤上填充黄金石作铺面装饰。

 用镊子将黄金石铺置均匀后，即可用橡胶气吹掉多肉上的灰尘。

 给多肉适当补充水分，再用同样的方法将另外两个容器内的多肉种植好即可。

素陶艺术

多肉创意盆景

主要品种

白鸟	子宝	鹰爪	黄丽

水晶宝草	若歌诗	若绿	波头

弯凤玉	翡翠柱

创意灵感

　　复古独特的素陶盆被选为花盆，本身就很有创意，再搭配上绿色可爱的多肉，多肉的美丽和独特气质被彰显得淋漓尽致。将此创意盆景摆放在窗台上，自然靓丽，别有一番风味。

> 小贴士：
> 建议选用绿色的多肉植物与古朴的容器搭配。

准备工具

铲子

注水器

橡胶气吹

准备材料

陶粒

培养土

黄金石

铁丝网

 1 准备多肉与容器。容器底部有便于通气和排水的小孔，可以先在小孔上放置一块铁丝网防止漏土。

 2 先在容器底部放入适量的陶粒，然后放入培养土至容器的九分满处。

 3 用铲子辅助操作，依次将多肉植物植入容器中。

 4 沿容器的边缘和多肉植物的空隙处填充适量的黄金石作铺面装饰。

 5 接着用橡胶气吹将落在多肉植株上的灰尘清理干净，以保持多肉的美观。

 6 最后用注水器给多肉及土壤补充适量的水分即可。

铁盆创意

各色仙人掌盛会

主要品种

| 新天地 | 金琥 | 高砂 | 黄雪光 |

| 白云锦 | 老乐柱 | 幻乐 | 月世界 |

| 绯绣玉 | 瑞云 | 白玉兔 |

创意灵感

　　品种多样的仙人掌，如细长的幻乐、圆润的月世界及带刺的瑞云等，能营造出色彩缤纷、个性十足的仙人掌植物园的景象。再配上一些有岩石风格的石头，就像仙人掌的原生地一样，效果更佳。

小贴士：

建议选用不同色彩的仙人掌植物营造多彩缤纷的气氛。

准备工具

铲子

注水器

橡胶气吹

准备材料

陶粒

培养土

珍珠岩

铁丝网

小贴士：

1. 对闷热抵抗力较差的多肉品种，植株之间应腾出一定的空间，以保持良好的通风环境。

2. 仙人掌植物非常耐干旱，因此，浇水要适量，不能过多。

1 准备多肉与容器。先用一块较大的铁丝网铺盖住容器底部的孔洞，防止土壤外漏。

2 先在铁丝网上铺置一层陶粒垫底，然后放入准备好的培养土至容器的九分满处。

3 用戴有厚手套的手拿捏多肉，另一只手持铲子挖坑，将植物依次小心植入容器中。

4 沿容器的边缘和多肉植物的空隙处填充适量的珍珠岩作铺面装饰。

5 用铲子将珍珠岩翻置匀整后，再用橡胶气吹清理多肉上的灰尘，保持清洁干净。

6 用注水器适量给多肉补充水分，使土壤微湿润即可。

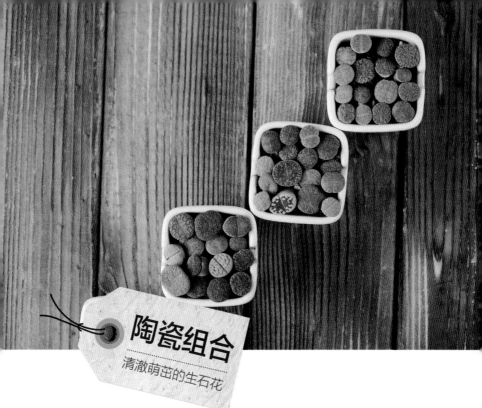

陶瓷组合

清澈萌茁的生石花

主要品种

生石花

创意灵感

　　生石花是一种"有生命的石头"，美丽可爱，选用白色的陶瓷器与之搭配，能清晰地凸显出生石花的细致色泽与特有的微妙花纹，这些白色的陶瓷组合在一起，清澈萌茁又充满情趣。

小贴士：

每一个容器中建议搭配不同种类的生石花。

建议重复利用生石花原本的介质植入新容器，以免难照顾的生石花因环境变化大而死亡。

准备工具

镊子

注水器

橡胶气吹

准备材料

培养土

小贴士：

1. 土壤透气性不好、通风不良会使植株腐烂，适合在通风良好的环境中养护。

2. 光照不足，会使植株徒长，顶端的花纹不明显，而且难以开花，所以应给予充足的光照。

 准备容器和多肉。可以用多个容器制作一个盆栽组合，白色陶瓷器是不错的选择。

 在容器中放入培养土，大约至容器高度的九分满处即可。

 用镊子将生石花依次小心地植入容器中，种满整个容器。

 重复步骤2和步骤3，将其他容器内的生石花也种植好。

 然后即可用橡胶气吹依次吹去生石花上的灰尘，保持清洁美观。

 用注水器沿生石花的空隙处小心补充水分即可。

壁挂花环

多姿多彩多肉花环

主要品种

黄丽   虹之玉   观音莲   大和锦

银星   青星美人   黑王子   吉娃莲

清盛锦   绿之铃   花月夜   雪莲

创意灵感

从花环基座开始，层层堆砌手感线条，植入姿态各异的多肉，编织一个新鲜专属的多肉花环。吊挂起来欣赏，其色彩明亮柔和，外形丰盈饱满，极具美感，让人爱不释手。

小贴士：

水苔有天然杀菌效果，全干后再吸水不易，略干便应补水。

准备工具

镊子

剪刀

准备材料

铁丝

铝线

水苔

小贴士：

1. 多肉在植入花环前需要除土疏剪，不建议用水冲洗，应保持根部干燥。

2. 多肉植物根部缠绕在一起，养护不当可能导致腐烂乃至花环走样，应勤于清理腐烂植物，补充健康植株。给水时需将花环取下，平放吸水，让水苔水润即可。

 准备一个用铁丝制成的花环基底，将水苔拧干之后塞入花环基底的空隙处，并留出些许空间用来摆入植物。

 对部分多肉的根系和靠近根系部的分枝进行疏剪整理，以方便将其固定在花环上。

 截取一段铝线，用铝线穿过植物，并对折两次，使其与多肉根部固定在一起。

 将已用铝线固定的多肉穿过花环基底，然后在基底背后扭转固定。

 按此方法，依次将多肉固定在花环上，较小的多肉可用镊子辅助塞入。

 用镊子在花环的空隙处塞入水苔，确保植物嵌套稳固即可。

瓷质盆组

多肉浴缸

主要品种

白凤	虹之玉	千佛手	火祭

月影	大和锦	黄丽	薄雪万年草

创意灵感

白色的瓷盆、白色的铺垫石与多彩多姿的多肉相得益彰。盆器后方建议以直立、高耸的多肉植物做背景。选择高矮不一、形色各异的植物，突出层次感。

小贴士：

将盆栽置于温暖、干燥、阳光充足的场所养护。

准备工具

小铲子

吸耳球

准备材料

白瓷花盆

陶粒

沙土

鹿沼土

 准备好容器和需要种植的多肉植物。

 用适量陶粒覆盖在容器的底部。

 在陶粒上方加入沙土至容器九分满处。

 将多肉植物依次栽入容器中。

5 栽植完成后在盆土表面铺一层颗粒介质。

6 用吸耳球轻轻吹去植物表面的灰尘。

典雅圆盆

浓缩的塞外美景

主要品种

金琥   黄雪光   白云锦   金晃

绯花玉   白玉兔   老乐柱   弯凤玉

创意灵感

    老旧的素陶盆除了放置小物外，其灰白的色泽配上长满黄白色茸毛的多肉，就变成阳台上随意摆放都好看的装置艺术品了。你不去遥远的沙漠，也同样可感受到沙漠小精灵的塞外风情。

小贴士：

建议选用形态各异的仙人掌植物来增强层次感和视觉效果。

准备工具

铲子

注水器

橡胶气吹

准备材料

陶粒

培养土

珍珠岩

 准备好多肉与容器。在容器底部放置少量的陶粒，其高度约为整个容器高度的三分之一左右。

 然后在陶粒上放入准备好的培养土，高度约至容器的九分满处。

 用铲子挖坑，将仙人掌植物按顺序依次植入土壤中。

 在植物间的空隙处和容器的边缘位置填充珍珠岩，作为铺面装饰。

 植物种好后，将在种植过程中沾染在多肉植株上的尘土清理干净。

 用注水器沿着容器边缘注水，保持土壤微湿润即可。

水苔铁篮

悬垂的多肉美景

主要品种

姬胧月	花月夜	紫珍珠	火祭

不夜城	玉吊钟	玉缀	珍珠吊兰

创意灵感

　　自行车的小篮子塞满水苔，种上绿意盎然的多肉植物，就成了美丽的盆景。将其吊挂在阳台上，就可以在欣赏多肉的倾斜与悬垂之美中，尽享这道独具创意的阳台景观。

小贴士：

将蔓延而下的绿之铃作为盆器的视觉延伸，跳脱盆器本身的框架。

将此盆栽吊挂起来摆放更有欣赏价值和韵味。

准备工具

镊子

橡胶气吹

准备材料

水苔

小贴士：

1. 景天科多肉植物如蓝石莲等易徒长，建议放置阳光充足处。

2. 水苔具有良好的蓄水性，长期处于湿润状态容易造成多肉根部腐烂，待水苔彻底干燥后给水最好。

 准备好多肉植物与容器，由于多肉植物需要塞入水苔中，所以可先对其根系进行修剪整理，以方便种植。

 将水苔放入碗中，并加入适量的水浸泡，让水苔吸水。

 待水苔充分吸水后，将水苔取出并挤掉大部分水分，置于干净处待用。

 将加工过的水苔放入容器中，至容器的九分满处。

 用镊子依次将多肉植物塞入水苔中并固定好，不要使其晃动。

 最后用橡胶气吹吹去植物上的灰尘并少量补充水分即可。

趣味竹篓

创意的多肉家园

主要品种

黄丽

火祭

高砂之翁

蓝松

清盛锦

初恋

球松

月兔耳

创意灵感

　　将竹篓的一半铺上塑料布，就成了多肉植物温馨的家园。各式各样的多肉像是从竹篓的缝隙中长出一样。留不住水分的竹篓，现在却生出了艳丽的多肉，新奇、充满活力。

小贴士：
由于空间相对较小，建议以中小型多肉为主。

准备工具

镊子

铲子

准备材料

铝线

沙土

缝衣线

 在竹篓隔开的一半里铺置一层塑料布，高度与竹篓的口沿基本持平，并用缝衣线将其固定在竹篓上。

 在铺有塑料布的竹篓底放入陶粒，高度大约是竹篓深度的1/4。

 接着放入准备好的沙土，高度至容器的九分满处。

 先确定好多肉的种植位置，然后将多肉植物依次小心地植入容器。

 用铝线将没有根茎的多肉植物固定在竹篓上，避免掉落。

 给多肉植物补充一定的水分即可。

第六章

多肉植物
养护精华手册

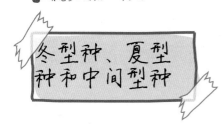

冬型种、夏型种和中间型种

多肉植物根据休眠时间的不同可分为冬型种、夏型种和中间型种。

多肉植物根据形态的不同，可分为茎多肉、叶多肉和根多肉。它们各自生长在特有的气候环境里，生命过程中有一段时间相当干旱或寒冷，在这一段时间里植株依靠体内贮藏的大量水分维持生命，为了适应恶劣的环境，它们不但形体上出现变化，生长周期也形成了能够长期抵抗恶劣环境的休眠习性。而多肉植物产地的不同，也就导致了休眠的季节的不同。

冬型种

它指的是冬季生长，夏季高温时休眠的种类，这类植物在冬季只要温度维持在晚上10℃，白天25℃就可以生长旺盛。而在夏季休眠期，晴天要防止室内温度过高，及时采取通风透气措施，保持环境的空气流通。

夏型种

它指的是夏季温暖时生长，冬季寒冷时休眠的种类。夏季是我国大部分地区一年中最炎热的季节，通常夜晚温度都会在20℃以上，而白天在35℃左右，但是这样的高温非常适合仙人掌科种类生长。

中间型种

它指的是夏季高温、冬季寒冷时都处于休眠或半休眠状态，而在春、秋季节生长。春、秋季我国大部分地区的自然温度晚上一般在8℃左右，而白天的温度在15~20℃，是一种非常温和的气候条件。

冬型种：玉露

夏型种：黑王子

中间型种：观音莲

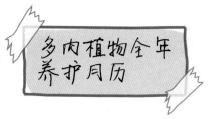

养好多肉，上盆是第一步，特别是在网店购买的多肉，一定要重新上盆栽种，因为网店寄过来的多肉基本不带土，所以要及时上盆。

1 月（January）

1月份是一年当中最为寒冷的时节，同时也是光照时间比较少的月份。因此，1月份的多肉植物管理应以防寒保温和增加光照为主。多肉植物按其习性可分为冬季生长的冬型种、夏季生长的夏型种，以及春秋季节生长、夏季高温和冬季低温呈休眠状态的中间型。

冬型种多肉植物

温度：保持10℃左右的温度，最低温度不可低于7℃。

浇水：如果温度不低于10℃，并有一定的昼夜温差，可适当浇水，使植株生长。浇水时间可在天气晴朗的上午10~12点，水温应与室温接近，可将手放进水里，以不感到冰凉为宜。若保持不了这么高的温度，就要严格控制浇水，但也不能完全断水。

夏型种多肉植物

温度：保持5~10℃的温度。有些品种虽然低于5℃也不会死亡，但植株表面会产生难看的黄斑，影响观赏，但温度也不宜过高，否则打破其休眠反而对生长不利。

浇水：严格控制浇水，有些品种甚至可完全断水，如龙王球、白坛等。如果越冬温度过高、土壤潮湿，植株不能充分休眠，反而影响以后的开花。

中间型多肉植物

中间型的多肉植物1月份种植管理相对容易些，如果温度较高，可按冬型种进行管理，若温度较低，则按夏型种进行管理。

无论哪种多肉植物都喜欢较充足的阳光，家庭栽培可将植株放在阳光较好的南窗前或封闭的南阳台内，有条件的话还可在庭院内搭建小型暖房或小型保暖箱。相对而言，夏型种对光线的要求稍高一些，摆放时可将其靠近窗户，以增加光照。

1月份的多肉植物种植管理，一般不施肥也不进行换盆和繁殖。此外要经常巡视，发现受冻、腐烂、死亡的多肉植物植株应及时清除。

2 月（February）

2 月是冬季的尾声，渐渐迎来了春季，气温也有所回升，但偶尔会出现降温，加之昼夜温差大，因此要做好多肉植物的护理。

水肥管理

施肥：在 2 月份多肉植物管理中，一般不施肥。在温暖的环境中，应注意多接受阳光的沐浴。

浇水：冬型种和中间型的多肉植物可在天气晴好的上午适当浇些水，夏型种多肉植物仍要控制浇水。浇水时注意控制水的温度，最好能与环境的温度一致。

注意地域差异

在 2 月份，我国南北方的温度相差较大，南方可能开始回暖，而北方却仍处在寒冬天气。即使是在同一地区，不同的时间，温度也会相差很大，这种不稳定的温度变化会对多肉植物造成不好的影响。因此，2 月份的多肉植物的管理应根据各地的不同气候条件以及个人的栽培环境进行。

对北方地区的多肉植物，依旧按照 1 月的管理方法进行。而在长江中下游地区，白天温度处在 10~15℃，夜晚温度为 3~5℃，但此时气温还不稳定，经常会有寒流到来，所以暂时还不要将多肉植物搬出室外，同时注意保持温度的稳定，避免温度忽高忽低。还要防止凝结的水珠滴到多肉植物上，造成腐烂。

为换盆作准备

2 月份还可以准备花盆和配土等材料，为 3 月的换盆栽种作准备。

多肉植物适合的配土要有一定的颗粒度，疏松透气，排水性良好，呈中性或微酸性，并含有一定的腐殖质、少量的石灰质。常用的材料有泥炭土、草炭、煤渣、沙子、珍珠岩，以及赤玉土、兰石、植金石等。

用于种植多肉植物的花盆主要有瓦盆、塑料盆、紫砂盆、瓷盆等。

3 月 （March）

到了 3 月，温度继续回升，昼夜温差加大，冬型种多肉植物和中间型多肉植物都进入生长旺季，夏型种多肉植物也开始苏醒，准备生长。

浇水

对于大部分的多肉植物，在生长期还是需要水分的，但千万不要积水，要遵循"不干不浇，浇则浇透"的原则。休眠期要严格控制浇水，不要盲目浇水。

在 3 月份，对于正在生长的冬型种多肉植物，如景天科的青锁龙、玉椿、雪莲、东云等和中间型多肉植物， 如芦荟科的卧牛等，应保持盆土湿润而不积水，也不能过于干燥。

对于夏型种多肉植物，如龙舌兰科的辉山、怒雷神锦、赤牙龙锦，仙人掌科的金琥、白檀、鸾凤玉等可适当浇些水，但不要过量。

对于番杏科的生石花属、肉锥花属多肉植物处于蜕皮期，则要控制浇水，甚至可以完全断水。若要浇水，也千万不要将水浇到植株上，否则会造成植株腐烂。

施肥

大部分种类的冬型种和中间型多肉植物，可根据品种的不同和生长情况，每 20 天左右施一次腐熟的稀薄液肥或复合肥。施肥时间可在天气晴朗的上午，并注意肥液不要溅到植株上。夏型种多肉植物不必施肥。

换盆

多肉植物生长到一定阶段后就必须翻盆换土，原因有以下几点。

1. 多肉植物在人工栽培的条件下，根系被局限于花盆中，很难自由伸展，经过一段时间的生长，根系充满整个花盆，不利于排水透气。

2. 根系在不断吸收养分的过程中，也不断排泄酸性代谢物，使土壤酸化，这些不利于植物的生长。

3. 花盆中所盛的土壤有限，在经过根系不断吸收和一次次浇水冲淋后，养分流失殆尽，培养土也由原来的团粒状变成粉末状。

4 月（April）

4 月天气进一步变暖，夏型种多肉植物开始生长，冬型种多肉植物的生长速度则逐渐变缓，甚至停止，中间型多肉植物则处于生长旺季。

浇水

在 4 月份，浇水要满足植物生长的需要，又不能积水，对于正在生长的植物做到"保持土壤湿润"即可。对于生长快的多肉植物品种可多浇水，生长慢的品种则要少浇水。浇水时间适合选在天气晴朗的上午或傍晚。若用自来水浇花，应将水晾 2~3 天后再用，因为这样可以让自来水中的氯气挥发，有利多肉植物生长。

施肥

4 月份可对生长旺盛的多肉植物施肥。多肉植物的施肥可分为基肥和追肥两大类，基肥一般在栽植时直接掺入土壤中，追肥则应根据不同的品种和生长期的差异进行。施肥前几天不要浇水，施肥肥液的浓度一定不要过高，大多数多肉植物可每半个月施一次肥，生长缓慢的可每个月施一次，极为缓慢的甚至可不用施肥。

换盆、繁殖

4 月可在换盆时将繁殖过多的多肉植物制作成盆景或组合拼盘，以提高观赏价值，具有成形快、加工简单、养护容易等特点，非常适合家庭制作玩赏。此外，4 月还是夏型种多肉植物播种、扦插、嫁接的好季节。

要注意的是，4 月温度变化较大，温度高时，要及时通风降温，连续雨天要防止雨淋，以免积水造成植株腐烂。此外，对于有病虫害隐患的植株要及时喷药预防。

5 月（May）

到了 5 月，温度继续回升，昼夜温差加大，冬型种多肉植物和中间型多肉植物都进入生长旺季，夏型种多肉植物也开始苏醒，准备生长。

光照

在 5 月，夏型种多肉植物如龙舌兰科的辉山、甲蟹、雷神，仙人掌科的龙王球、金琥等，和中间型多肉植物如景天科的落日之雁、火祭等可放在室外阳光充足之处养护。中间型多肉植物如芦荟科的玉露、冬之星座、瑞鹤等可适当遮光，冬型种多肉植物如生石花、万象、玉扇、雪莲等可放在光线明亮又无直射阳光处养护。

浇水

对于正处于生长期的植物要保持盆土湿润，若长期干旱缺水，植株就会生长极慢，甚至停止生长，而且叶片皱缩，缺失光彩，使观赏性大大降低。浇水时一定要浇透，同时，还要避免盆土积水，以免造成烂根。

而对于即将休眠的冬型种多肉植物，如生石花、帝玉、雪莲、东云、万象、玉扇等，其生长虽没有完全停止，但非常缓慢，所需的水分不多，因此要适当控制浇水，保持盆土半干即可。

施肥、病虫害

正在生长的夏型种多肉植物可根据品种的不同进行施肥，即将休眠的冬型种，则要停止施肥。把握住生长快多施肥，生长慢少施肥甚至不施肥的原则即可。

5 月是害虫活跃的时期，要改善多肉植物栽培环境的通风条件，防止因感染病菌而使植株产生不正常的黄斑、黑斑、袍斑以及其他生理性病害，若发现应及时喷洒杀菌药物防治，以免扩大感染范围。

6 月（June）

　　6 月是一年中光照时间较长的月份，充足的阳光、炎热的气候，非常适合夏型种多肉植物的生长，而冬型种的多肉植物生长完全停止。

光照、养护

　　大部分夏型种多肉植物可放在室外阳光充足、通风良好处养护，冬型种多肉植物和部分中间型多肉植物可放在光线明亮又无直射阳光处养护。要注意的是无论哪种类型的多肉植物，如果植物长期在室内或其他光照不足地方养护，不能直接拿到阳光下暴晒，应先拿到半阴处养护几天，逐渐适应环境的变化，以免强烈的直射阳光灼伤叶片。

浇水

　　对于正在生长的夏型种多肉植物可充分浇水，这是因为如果生长季节长期缺水，植株虽不会死亡，但生长极为缓慢，甚至停止。浇水时间适合选在清晨，或是傍晚日落后，要避免中午高温时浇水。

　　对于冬型种多肉植物由于生长完全停滞，要严格控制浇水，甚至断水。

　　对于中间型多肉植物，因其生长缓慢，所需的水分不多，所以保持盆土稍湿润即可。

施肥、繁殖

　　处于生长期的夏型种多肉植物可根据品种的不同进行施肥。冬型种多肉植物和中间型多肉植物要停止施肥。

　　对于正在开花的多肉植物还可进行人工授粉，为播种繁殖做好准备。

　　部分夏型种、中间型多肉植物可以剪取肉质茎或瓣取仔球进行扦插繁殖，扦插前一定要晾 3~5 天或更长的时间，等伤口干燥后再进行，以免造成伤口腐烂。

　　对于卧牛、玉露、宝草等种类则可掰取侧芽，有根的直接上盆栽种，无根的等伤口干燥后进行扦插。扦插后保持介质稍有潮气，以利于生根。

7 月（July）

7 月的天气高温、闷热、潮湿，对大多数种类多肉植物的生长极为不利，因此在这个时期，多肉植物养护的重点在于通风、降温。

光照

虹之玉、火祭、落日之雁等叶色比较艳丽的景天科多肉植物，在 7 月要放在阳光充足处养护，这样可使叶色靓丽鲜艳，具有较高的观赏性。

冬型种和中间型多肉植物中大部分种类都要注意遮光，家庭栽培可放在阳台内侧或室内光线明亮处，也可放在庭院的树荫下，但要注意防雨。

夏型种多肉植物的大多数品种都可放在室外光线充足、通风良好的地方养护。

浇水

对于生长旺盛的夏型种多肉植物可充分浇水，浇水时间适宜选在清晨或是傍晚，气温最高的中午不宜浇水，否则不但不利于根系的吸收，还会对根系造成伤害。遵循"不干不浇，浇则浇透"的原则。

中间型多肉植物因生长缓慢，所需的水分不多，因此要减少浇水，保持盆土稍湿润即可。

冬型种的多肉植物，由于完全停止生长，应严格控制浇水。

施肥、繁殖

夏型种多肉植物可根据品种的不同进行施肥，而冬型种和中间型多肉植物则要停止施肥。

对于龙舌兰科、仙人掌科、大戟科等夏型种多肉植物可进行分株或扦插繁殖，新采收的仙人掌科乌羽玉、兜、士童等种类的种子可随时进行播种。

此外，7 月是自然灾害多发的月份，要注意防洪、防暴风、防雹，还要经常检查植株，如发现因真菌感染而腐烂的植株应及时清除或隔离，并喷洒灭菌灵之类的药物，以免发生大面积感染。

8 月 （August）

8月天气炎热，夏型种多肉植物在继续生长，中间型多肉植物生长缓慢，冬型种多肉植物开始从夏眠中苏醒。

光照

大多数夏型种多肉植物可放在室外通风、向阳处养护，中午要遮阴，幼苗最好放在光照充足又无直射阳光处，这样既能防止强烈的直射阳光灼伤表皮，又能避免缺少光照带来的徒长，其他类型的多肉植物适合放在通风良好的半阴处养护。此外，无论哪种类型的多肉植物都要求有良好的通风，否则闷热潮湿的环境容易导致植株腐烂。

浇水

对于中间型和冬型种多肉植物如果已经开始生长，可适当浇些水，如果仍在休眠，则要控制浇水。其浇水时间最好在早上或晚上，以利于植物的吸收，要避免中午浇水。

对于生长期的夏型种多肉植物可充分浇水，以满足生长的需要，但盆土不宜长期积水，否则会造成烂根。空气干燥时还可向植株喷水，使叶色清新。

施肥、繁殖

夏型种多肉植物可在天气晴朗的早晨根据品种的不同施以不同浓度和成分的肥料，其他类型的多肉植物则要停止施肥。

对于处在生长期的仙人掌科、龙舌兰科等夏型种多肉植物可以进行分株、扦插繁殖。

对于当年采收的乌羽玉、兜等仙人掌科植物的种子，可随时进行播种，生石花类也可以在8月下旬播种。

对于番杏科的肉锥花属、生石花属以及怪奇玉等种类的冬型种多肉植物，北方可以在8月进行翻盆、换土，南方则要推迟一些时日。

9 月 （September）

9月温度清爽宜人，昼夜温差较大，夏型种多肉植物继续生长，中间型多肉植物则到了生长旺盛期，冬型种多肉植物也开始生长。

光照

夏型种多肉植物可放在室外阳光充足、通风良好的地方养护，如阳台外侧的花架、庭院、露台等。

中间型和冬型种多肉植物可放在半阴处或光线明亮又无直射阳光处养护，烈日暴晒和过于荫蔽都对植株生长不利。

浇水

对于处在生长期的夏型种和中间型多肉植物，可充分浇水，尤其是当天气晴朗时，土壤很容易干燥，更要及时补充水分。

对于已经开始生长的冬型种多肉植物，也要注意浇水，以满足生长需求。

无论什么类型的多肉植物都要避免盆土积水，以防烂根。也不要在中午光照最为强烈、温度较高的时候浇水。

施肥、繁殖

对于正在生长的夏型种和中间型的多肉植物应进行施肥，施肥时间和肥料的种类因品种而异。施肥要把握"宜淡不宜浓"的原则。

在9月，中间型和冬型种多肉植物可继续翻盆，并结合翻盆进行分株繁殖。

此外，本月对于大多数种类的多肉植物都可进行扦插繁殖，扦插前应晾几天，等插穗伤口干燥后再进行，以免腐烂。9月还可以进行播种繁殖。

10 月（October）

10 月气温凉爽宜人，昼夜温差较大，南北差异也较大，这个月部分冬型种和中间型多肉植物生长旺盛，夏型种多肉植物生长逐渐缓慢。

光照

由于 10 月日照时间逐渐变短，因此多肉植物在养护中可不必遮光，使其在全光照下生长，从而接受更多的阳光照射。

充足的阳光照射，能够使多肉植物株形紧凑，叶片肥厚饱满，颜色美观，同时还可以为越冬做好准备。

此外，不少种类的多肉植物，如马齿苋科的韧锦，番杏科的生石花、绫耀玉以及多种仙人掌科植物等，必须在充足的阳光下才能开花。

浇水

在 10 月，对于生长旺盛的冬型种和中间型多肉植物，可充分浇水，以满足生长的需求，但土壤不能积水，以免造成根部腐烂。浇水时应把握"湿润而不积水"的原则。

对于夏型种多肉植物则要控制浇水，使植株充实，有利于越冬。

此外，如果天气连续阴雨，则要减少浇水，放在室外的植物应注意排水防涝。

施肥、繁殖

对于生长期的冬型种和中间型多肉植物，可根据品种的不同酌情施肥。

对于夏型种多肉植物可停止施肥。

对于生石花和其他一些生长较为缓慢的多肉植物，对养分的要求不高，可以不必施肥。

冬型种和中间型多肉植物在 10 月还可翻盆换土，对幼苗进行分盆、分株、扦插等繁殖工作。

此外，还要准备好冬季的保温防寒设施，以防寒流突袭。

11 月 (November)

11月温度继续下降，南北方差异大，不时会有寒流的侵袭，冬型种和中间型多肉植物还能继续生长，夏型种多肉植物生长基本处于停滞状态。

光照

在11月，所有类型的多肉植物都要尽量给予充足的阳光，若光照不足会使正处于生长期的品种植株徒长，株形松散，影响美观。因此如果温度过高光照不足，就要适当降温控制浇水使其长得慢些。

而处于休眠期的多肉植物若光照不足，会降低其耐寒性。

浇水

11月，如果温度在10℃以上，中间型和冬型种多肉植物都能生长，浇水做到"不干不浇，浇则浇透"，保持盆土湿润而不积水。

如果温度低于10℃，就要控制浇水，等到盆土过于干燥时，选在天气晴朗的上午浇水。

夏型种多肉植物则要控制浇水，尤其北方地区在低温时更要注意。

施肥、繁殖

11月一般不施肥，但对于处于生长旺盛期的冬型种和中间型多肉植物，也可施用少量腐熟的稀薄液肥或复合肥，以满足生长的需求。但肥液不宜过浓，以免造成肥害。

对于夏型种多肉植物则要停止施肥。

11月是番杏科的生石花属、肉锥花属、肉黄菊属植物开花的主要时期，可进行人工授粉，使其结子。如果温度稳定，如景天科的石莲花属、百合科的十二卷属、鲨鱼掌属的品种等还可进行扦插。

12 月 (December)

12 月是一年中较为寒冷的一个月，也是光照时间最短的一个月。如果温度适宜，冬型种和中间型多肉植物都能生长，而夏型种多肉植物通常处于休眠状态。

光照

12 月气温较低，多肉植物适合放在室内养护，同时要尽可能多地接受阳光照射。

对于冬型种和中间型多肉植物最低温度不宜低于 10℃，昼夜温差维持在 6~10℃。

对于夏型种多肉植物，温度适宜在 5~10℃，温度过高会造成植株徒长，影响休眠，不利于来年的生长。

当温度低于 6℃时，大多数品种多肉植物都容易遭受冻害。

浇水

温度在 10℃以上时，冬型种和中间型多肉植物可正常浇水满足生长的需求。

浇水时间适合在晴天上午 10~12 点，浇水量不宜过大，水温最好与环境温度相差不多。

夏型种多肉植物则要严格控制浇水，某些品种甚至可以断水。

施肥、繁殖

12 月，多肉植物一般不用施肥。对生长旺盛的冬型种和中间型多肉植物，如果保温设施完善能有持续的温暖环境，也可施些薄肥，但不宜过量以免造成肥害。

在 12 月，如果温度适宜，景天科石莲花属的吉娃莲、黑王子，百合科十二卷属的一些品种等，还可进行播种或扦插繁殖。

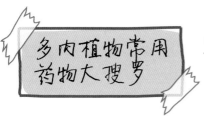

多肉植物常用
药物大搜罗

让我们看看多肉植物都有哪些常见的药物吧。

多菌灵

多菌灵是一种多肉植物杀菌药剂，能有效防治多种由真菌引起的病害，药效明显且毒副作用很小，不会伤害到植物。在初春时节，用 1000 倍稀释的多菌灵溶液灌根、浸盆或者在修根换土时用 50% 多菌灵可湿性粉剂拌土，能够增强植物的抵抗力，有效预防根腐病、立枯病、霜霉病等病害。需要注意的是，不宜长期单一地使用多菌灵，否则植物会产生抗药性。

代森锰锌

代森锰锌也是一种多肉植物保护性杀菌药剂，不仅能防治多种真菌病害，还能给植物补充锌元素，增强植物抵抗病害的能力，需要注意的是，代森锰锌不能与碱性或含铜药剂混合使用。

链霉素

链霉素是一种抗生素类药物，具有保护植物和治疗病虫害的作用，可用于治疗青枯病、角斑病、软腐病、溃疡病、白叶枯病、炭疽病等多种病害，其优点是高效、低毒、低残留、无公害、选择性强、易于被作物吸收、与环境相容等。

赤霉素

赤霉素也叫 920，既能够使植物的根系发达，促进植物茎、叶生长，也能有效地预防各种病虫害。在生长期喷施，能够使植物营养均衡，有助于植物的长势；在花期喷施，能够保花保果，也能使果实膨大。其优点是效率高，效果持久，更稳定，更安全。

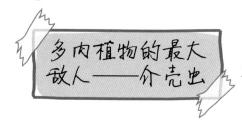

在众多的病虫害中，介壳虫是多肉植物最大的敌人。

介壳虫是多肉植物常会发生的虫害之一，也是令很多玩家非常厌恶和头疼的一种虫害，因为它发生得很迅速，受害的植物会表现得很难看，而且这种虫害较难清除。

介壳虫的虫类繁多，破坏力强，最常见的介壳虫是根粉介。根粉介大部分都是全白的，少数根粉介身上会带有深色的斑点，它们成群地聚集在叶片背面、叶片与茎干的交界处、枯叶底下或者藏在土壤里吸食多肉植物的根。景天科、番杏科很容易滋生根粉介壳虫，百合科的植物则因为可以分泌毒液和麻痹性的液体，则不会出现根粉介壳虫。染上根粉介壳虫的植物会生长得十分缓慢，甚至停止生长。这种不生长也不会死亡的状态会持续很长时间，因此可以通过这点来发现虫害。

相比于根粉介，介壳虫比较容易被发现。介壳虫在啃食叶片的时候会释放一些黏液，黏液容易沾上灰尘，只要看到叶片上有黑点，基本上可以判断是介壳虫出现了。

由于多肉植物的根部经常与潮湿的土壤和大量真菌打交道，一旦被介壳虫寄生，就有可能从介壳虫刺破的伤口处发生真菌感染，发生黑腐。但昆虫都是需要呼吸氧气的，如果我们每次都把土壤浇透，坚持不爬出土壤的根粉介就会被水淹死。介壳虫只要爬出土表，就可以被观察到。我们平常在多肉上看到的介壳虫都是雌虫。雄性介壳虫有着与雌虫完全不同的外观，雄虫有腿有翅膀，会飞，但介壳虫的雄虫都是没有嘴的，所以他们的生命也非常短暂，这也是我们很少看到雄虫的原因。

了解了介壳虫的基本知识后，我们更需要学习的是如何防治这类虫害，对于少量出现在盆土表面的介壳虫不需要用药，只需要用牙签一戳就可以杀死它们。但是要注意的是，戳死的介壳虫要尽可能的清理掉。下面再介绍几种其他的方式。

介壳虫

一、蚊香熏法

这是一种非常简单有效的方法，对于小型盆栽的多肉植物，可在盆的旁边点一盘蚊香，然后用一个大小合适的盆倒扣住植物和蚊香，只留一个很小的缝隙，这样熏十分钟左右，多肉植物上的介壳虫就会全部灭亡了，只需用牙签或镊子将植物上的介壳虫尸体轻挑掉。于稍大的盆栽可以放入洗衣机中或在封闭的浴室内熏，这种方法的优点在于不会对植株造成伤害。

二、酒精法

可以用毛笔蘸取适量浓度在 75% 以上的酒精后，反复擦拭虫害部位，就能把介壳虫除掉，且能除得十分干净、彻底，如果叶片过密，不好擦拭，可以直接用酒精淋受害严重的叶心部位，观察几天后，如果发现还有介壳虫，就继续用酒精擦拭或喷洒，但如果多肉植物上的介壳虫已经泛滥，数量较多的话，这种方法就不再适用了，需要进行药物治疗。

三、药物方法

药物的方法可以分为喷药法和埋药法两种。喷药法就是将介必治、护花神、速扑杀、苦参碱等低毒的杀虫剂喷洒在植物的表面，能够杀死若虫、成虫，对卵也有良好的防效。喷药的时间建议傍晚或者晚上，避免刚喷药光照太强造成药伤或者灼伤。埋药法主要针对的是多肉植物根底部的根粉介壳虫，可以将呋喃丹和拜耳小绿药等埋入盆土内，能够将介壳虫扼杀在摇篮中，也可以杀死那些看不到的根粉介，这种方法的优点是毒杀能力强，残效期长，效果快，不怕雨水，成本低。

除了药物方法外，对于一些刚发生不久、虫害面积不大的情况，还可以直接利用气压喷壶，或者自来水喷头对受害部位喷水，只要水流强度够大，一般都可以冲得相当干净。

毛毛虫和
蚜虫

除了介壳虫外，毛毛虫和蚜虫也是多肉植物的主要虫害。

毛毛虫

毛毛虫是对多肉植物危害比较大的虫子，从其孵化出来就会钻到叶片中啃食，开始它们只会啃食比较嫩的叶片，随着它们长大，胃口也会变得越来越大，如果大量爆发的话，可以在很短的时间内把一整株多肉植物吃光。

对毛毛虫的防治方法要从其虫卵开始，在虫卵比较少的情况下，可以用镊子或者手直接清理干净虫卵，但是它们产卵的节奏非常快，基本当晚清理干净，第二天又会出现。

毛毛虫产卵的情况也是有规律可循的，在有绒毛、较大型的且叶片较厚、颜色较深的多肉植物叶片上基本不会有虫卵，或者只会有很少的虫卵，像虹之玉、塔松、乙女心等一类叶片较小的多肉植物是毛毛虫产卵的首选，这些叶片比较薄，很适合刚出生的毛毛虫啃食。毛毛虫只会在露天外养的多肉植物上生长，如果在室内养殖的话一般不会出现毛毛虫。

人工清理虫卵非常麻烦，一不小心还会把多肉植株给弄坏，漏掉几只毛毛虫也是很正常的，可以在后期清理，不过这时多肉植物多半都被啃食过了，损失是避免不了的。被啃食的叶片是很容易发现的，可以选择在这个时候用药物清理，这是比较快捷的方法，也是比较彻底的。

蚜虫

蚜虫是很常见的虫害，尽管新植入的植物没有沾染蚜虫，但长有翅膀且繁殖速度极快的蚜虫依然会很容易使植物遭受灾害。

蚜虫尽管破坏力强，但治疗方法也很简单，最简单的方法是用手直接清理。数量较多时，可以用水直接冲洗干净即可。数量巨大时，用"护花神"这种药物可以快速清理干净。

预防蚜虫的方法也很简单方便，将植物移至室外或者通风良好处即可。

多肉植物非侵染性病害

非侵染性病害是指由物理和化学等非生物环境引起的病害，又称生理性病害，因其不传染，所以也被叫做非传染性病害。

旱害和涝害

旱害和涝害是因为土壤中的含水量多少而引起的，断水时间过长就会引起旱害，多肉植物没有水分吸收叶片会变得软弱无力，失去生命力。而涝害却是浇水过多，多肉植物无法全部吸收而形成积水。

热害

热害一般是由气温过高引起的，如果环境温度过高的话会将土壤的温度提高，多肉植物为了保护自身，会将全身的毛孔关上，毛孔不再吸收氧气，多肉植物的植株就会慢慢因缺氧而死亡。

冷害和冻害

冷害和冻害，顾名思义，是因为温度过低引起的。冷害症状是叶片表面出现斑点或者发生色变；冻害则是受害部位出现水渍状的病斑，变成褐色之后植株就会死亡。

徒长

指多肉植物在缺少光照、浇水过多的情况下，叶片颜色变绿，枝条上叶片的间距拉长，叶片往下翻，枝条细长，生长速度加快的现象。

旱害

冻害

徒长

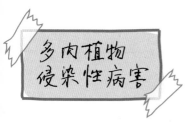

侵染性病害是由微生物侵染引起的病害，依据传染源的不同，又可以分为真菌性病害、细菌性病害、病毒性病害、线虫性病害、寄生性种子植物病害等多种类型。

赤腐病

赤腐病，属于真菌病，在植物中分布较广，主要危害嫩茎和叶片中脉。这种病菌的最佳生长温度是27℃左右，一般是由伤口侵入植株内部，然后扩大到全株。赤腐病导致植物组织解体，同时也会流出有臭味的汁液，如果没有臭味说明是真菌感染。

赤腐病虽然比较顽固，但是如果预防得当，也可以避免多肉植物受到真菌的感染。赤腐病是从伤口侵入的，所以只要能把出现的伤口处理好。做好消毒和土壤的杀菌以及定期的检查，应该是可以降低赤腐病的发生概率的。

斑点病

斑点病，又叫黑斑病或者褐斑病，是一种危害轻微的次要植物病害，斑点主要会出现在节点附近或者砧木结合部，是由真菌或者细菌导致的植物坏死。如果有一盆多肉发现出现了这种情况，要尽快隔离，否则会传染给其他的多肉植物。

斑点病被称为多肉病害中的"艾滋病"，这一称呼直接说明了斑点病的特性，一旦发生就根治不了，而且还容易传染给其他健康的植株病菌。不过如果平时注意轮换着使用杀菌药，然后保持植株的干燥就可以减少病害的发生。

赤腐病

斑点病

锈病

菌核根腐病

菌核根腐病，因为植株感染后，周围的土壤和植株上都会长出白色的丝，因此又被称为白绢病。白绢病主要集中在夏季暴发，尤其是高温季节 30 ～ 42℃的夏季，更是白绢病疯狂活动的时期。当温度降至 10℃以下的时候白绢病真菌就会停止活动。

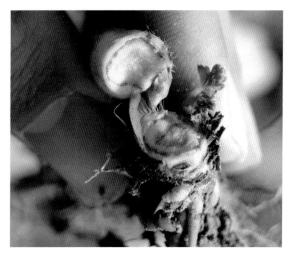

白绢病虽然也属于比较顽强的病菌，但是白绢病怕光，所以在前期预防的时候首先要注意的是多给多肉晒晒太阳，阳光晒不到的地方就会容易滋生病菌。一般小苗会更容易沦陷，平时在种植小苗时不要太过拥挤，留给小苗足够的生长空间才能有效预防。如果发现有病株，就要及时将受害部位切除。或者使用锈灵或氧化萎锈灵拌进土壤中抑制病原菌生长。

菌核根腐病

锈病

锈病是由真菌中的锈菌寄生引起的一类植物病害，主要危害部位为植物的茎、叶和果实等。多肉植物感染锈病之后，表皮会出现肿大的小点，然后中间的黄色慢慢向周围蔓延，最后连成一片。有的还可能使植株上产生肿瘤、粗皮等症状，造成多肉植物的生长不良。

如果多肉出现锈病，可以使用 40% 氟硅唑乳油 8000 倍或 25% 粉锈宁可湿性粉剂 1000 ～ 1500 倍＋天达裕丰 2000 ～ 2500 倍＋天达 2116 粮食专用型 600 倍稀释液体进行杀菌，连喷两次，每次间隔 5 ～ 7 天。

锈病

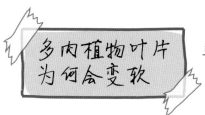

多肉植物叶片变软的原因不只是因为缺水哦。

也许很多玩家都遇到过多肉植物叶片变软的问题，遇到这种情况不少人都很担心是不是植物生病了，其实叶片变软的原因有很多，下面就来一一揭晓。

一、缺水

多肉植物叶片变软的最常见的一个原因就是缺水，有时候植物缺水时，叶片看上去没什么变化，但用手摸的话就能感到明显发软了。植物缺不缺水并不仅仅取决于浇水的多少，还要看水分消耗了多少，因此要合理地掌握浇水的频率和浇水量。

叶片变软

二、缓苗期的正常现象

多肉植物叶片变软并不一定都是坏的现象，如果它正处于缓苗期，因为根系吸收的水分还赶不上植株消耗的水分，所以叶片变软是必然的属正常现象。此外，叶片变软也就变相地提高了植物生长素的浓度，有利于植株发根，因此，缓苗期的叶片发软并不可怕。

三、浇水过多导致烂根

多肉植物叶片变软不一定是浇水不够造成的，相反的，可能是由于浇水过多导致烂根，从而吸收不了水分，导致叶片发软。这种情况在夏季经常发生，浇水过于频繁再加上阳光直射暴晒，很容易烂根甚至直接从茎干与土壤接触的部位烂掉。

四、环境的变化

有些植物原本在高湿少光环境下成长的，如果忽然光照多了，水浇少了，就会出现叶片变软的现象。比如刚从花市买回来的多肉，因为原本的生长环境水分就很充足，它们还不懂得怎么珍惜用水，可能只是少浇几天水，多晒了下太阳，植物的叶片就会变软。

多肉植物的开花

迷你的多肉植物也能开出美丽的花哦，很神奇吧。

多肉植物受到广泛喜爱的原因不仅是它体型娇小，叶质肥厚，有些品种也是因为能开出漂亮的花朵。下面为大家介绍如何促使多肉植物开花以及一些开花的小提示。

一、养分

多肉植物开花很难吗？一般来说大多数品种在种植 1~2 年后就已经具备开花的条件了，如果你的多肉植物已经好几年了都还没开过花，往往是因为你给的养分不够。配土和浇水只是正常生长所需，想要植物开花，可以每次浇水时都加点磷酸二氢钾，因为磷肥本身就是植物开花的重要营养成分，磷酸二氢钾能够促进各种花卉植物的开花。但量不要太多，施肥重要的是薄肥勤施，也不要为了勤施刻意增加了浇水的频率。

开花的多肉植物

二、光照

光照对于植物是最重要的，对于大多数多肉植物来说，需要全日照或者半日照的环境才能正常发育。日照不足加上缺水会造成植株生长迟缓；如果日照不足还加上持续供水，则造成徒长甚至腐烂。这种情况下如果还开花，开花后植株往往就会变得很难看了。

三、修剪

如果担心多肉植物开花后株形不够美观，或者对多肉植物开花不感兴趣，可以用剪刀从贴近花茎下方的位置将花茎剪掉，剩下的花茎不要急着清干净，它会慢慢干枯，最终会自己脱落，如果太急着拔掉，反而可能弄伤多肉。剪掉的花茎不要丢掉，可以像切花一样插瓶子里，花苞会慢慢地绽放，所以如果不打算授粉，在多肉植物花朵含苞待放的时候就可以剪下插瓶子里，既可以看到开花，还可以避免消耗过多的养分。